새

자연과 인간 5

한국의 새와 함께한 45년, 생태 사진가 유범주의 새 이야기

새

유범주

사이언스 북스

이른 새벽마다
묵묵히 짐을 꾸려 준 아내 지영숙과
장녀 지현 부부와 외손자 홍용찬, 차녀 지은 부부,
그리고 둘도 없는 조수이자 막내아들 준환,
사랑하는 내 가족에게 이 책을 바친다.

머리말

새 세계로의 초대

비상하는 새는 다다를 수 없는 것에 대한 동경을 불러일으킨다. 우리는 오대양 육대주를 넘나드는 철새에게서 소유도 국경도 없는 자유를 본다. 또 시련 속에서 자식을 지켜내고자 애쓰는 어미 새의 모습에서 사랑을 느낀다. 나는 학자도 전문 사진작가도 아니다. 아름답게 비상하는 새에 매료되어 새들을 눈으로 직접 보고 사진으로 남기고 싶어 하는 한 사람일 뿐이다.

사랑을 속삭이며 부부의 연을 맺는 새들, 알을 낳고 자식을 키우며 복닥복닥 살아가는 새들과 동행하면서 그들의 모습을 필름에 옮기다 보니 어느새 45년이라는 세월이 흘렀다. 철새를 쫓아 철 따라 전국을 떠돌다 보니 저 깊숙한 오지까지 안 가 본 곳이 없다시피 되었고, 집은 새 사진과 관련 서적 등으로 가득 차게 되었다. 처음에는 새들의 꽁지를 쫓는 데 급급했지만 새의 생태 등을 알게 되면서 그들과 눈을 맞춰 가며 사진을 찍을 수 있게 되었다. 땡볕에 까맣게 타고, 나무와 바위에 긁혀 온몸이 상처투성이가 되는 것이 예사였지만 새들의 고단한 일상 속에 감춰진 생명의 아름다움이 한 장의 사진으로 드러날 때면 그때까지의 고통과 피로가 눈 녹듯 사라졌다. 그러나 지금 그 새들이 인간의 이기심 때문에 사선死線으로 내몰리고 있다.

처음 새를 찍을 때만 해도 새와 만나는 것은 어려운 일이 아니었다. 한강에만 나가도 털발말똥가리 같은 희귀종과 도요와 물떼새 같은 온갖 새들을 볼 수 있었으니까.

그러나 국토 개발과 환경 파괴가 진행되면서 많은 새들이, 그리고 다른 많은 생물들이 사라져 버렸다. 한강은 더 이상 새들의 천국이 아니다. 난지도 주위를 멋지게 활공하다 쏜살같이 내려와 들쥐를 채 가던 맹금류의 모습을 이제는 볼 수 없다.

몇 번의 전시회를 제외하고는 사진들을 공개해 본 적이 없는 내가 이렇게 사진들을 모아 책으로 내게 된 것도 새들이 처한 절박한 상황을 외면하기 힘들어서이다. 비록 부족한 점이 많지만 이 책을 통해 많은 사람들이 새에 대해 좀 더 알게 되고 새들과 대자연의 소중함을 깨달을 수 있기를 바란다.

반세기 가까이 찍은 30만 장의 사진들 속에서 특히 의미 있고 아름다운 사진들을 고르고 골라 한 권의 책으로 엮어 준 (주)사이언스북스의 노고에 감사를 드린다. 도감 원고를 정리하는 데 도움을 준 박찬열 씨께도 고마움을 전한다. 끝으로 주중에는 일을 하느라 바빠 함께 있지 못하고 주말이나 연휴에는 사진 찍으러 산으로 들로 돌아다니는 나를 이해하고 용서해 준 가족에게 진심으로 고맙다는 말과 사랑을 전한다.

2005년 1월

유범주

차례

머리말 새 세계로의 초대 6

1부 모든 것의 시작

1장 저 높은 곳을 향해 12
새들은 어떻게 해서 날 수 있게 되었을까
날아오르기의 테크닉
각양각색의 날개
철새들의 하늘길
새들은 왜 먼 거리를 이동할까
길을 잃지 않는 법
우리나라에 오는 철새들

2장 꽃 피는 봄이 오면 58
사랑의 세레나데
화려한 의상과 춤
선물 공세
새들도 부동산의 유무를 따진다
나의 짝의 수는?
사랑의 요람, 둥지
명당을 찾아서
건축 자재

3장 세상 속으로 94
모든 것의 시작, 알
알의 이모저모
알을 품어라
껍데기를 벗어던지고
지극정성으로
육아에서의 역할 분담
거친 세상 속으로

2부 일상다반사

1장 최고의 만찬 136
새들의 화려한 식단
포크냐, 젓가락이냐?
먹기 위해 태어났다!
최대한 가볍게!
사냥의 기술
꽃과 새의 상부상조
특이한 먹을거리, 특이한 식습관

2장 한숨을 돌리며 180
새들의 휴식
어디에서 쉴까
본격적으로 쉬기
새들의 스트레칭
깃털 다듬기
목욕! 목욕! 목욕!
쉬어 가기
놀이

3부 시련을 딛고

1장 함께 살아가기 216
따로 또 같이
누가 누가 모였나
너와 나 사이의 거리
뭉치면 살고 흩어지면 죽는다
적과의 동침
북북서로 진격하라

2장 시련 너머 희망 266
매서운 추위와 배고픔
새들의 적, 인간
생명의 보고, 습지
사라지는 새들
보호를 위한 노력
그들이 죽으면 당신도 죽는다

도감 306
맺음말 자연과 새, 그리고 나 342
부록 352
참고 문헌 370

1부

모든 것의 시작

바람은 괴물처럼 으르렁거리며 그의 머리에 부딪쳐 왔다.
시속 110킬로미터에서 140킬로미터, 다시 190킬로미터로.
속도는 더욱더 올라가 이윽고 시속 220킬로미터에 달했다.
눈을 가늘게 뜨고 바람에 맞서며 그는 기쁨에 온몸을 떨었다.
시속 224킬로미터!

— 리처드 바크, 『갈매기의 꿈』

1부 1장

저 높은 곳을 향해

맑은 날, 두 날개를 활짝 펴고 높은 하늘 위를 유유히 활공하고 있는 흰꼬리수리를 보고 있으면 부러움이 인다. 왜 그토록 많은 사람들이 오랜 세월 동안 죽음을 무릅쓰면서 하늘을 날고자 했는지 이해할 수 있을 것 같다. 이제는 비행기며 헬리콥터며 마음만 먹으면 누구라도 하늘을 날 수 있지만 그래도 여전히 새들은 우리에게 하늘에 대한 동경과 꿈을 일깨워 준다. 하늘을 나는 동물이 비단 새뿐만은 아니다. 그러나 눈부시게 반짝이는 물보라를 일으키며 강물을 차고 날아오르는 청둥오리 떼나 아침저녁으로 쏴쏴 하는 소리를 내며 하늘을 무리 지어 가르는 가창오리 떼를 보고 있자면 나는 것은 새들만의 특권인 듯한 생각이 든다.

두루미의 비상
두루미가 나는 모습은 언제 보아도 우아하다. 다리를 아래로 향하고 발가락도 벌린 것으로 보아 멀리 날아갈 것 같지는 않다.

기류를 타고 활공하고 있는 흰꼬리수리
흰꼬리수리는 날개와 꽁지를 펴고 기류에 몸을 맡겨 큰 힘을 들이지 않고도 떠 있을 수 있다.

가창오리 떼의 무리 비행
전 세계에 분포되어 있는 가창오리 중 대부분이 우리나라에서 겨울을 난다. 나는 모습이 제각각 다르다.

물을 차고 날아오르는 청둥오리
물 위에 있던 청둥오리들이 무언가에 놀란 듯 일제히 날아오르고 있다.

중대백로는 날아오를 때 도움닫기가 필요 없다.
논에서 먹이를 찾다가도 제자리에서 훌쩍 날아오른다.
날 때에는 목을 구부려서 몸과 함께 일직선을 만든다.

새들은 어떻게 해서 날 수 있게 되었을까

나는 것은 새들의 특권이다. 하지만 새가 가진 특권을 모든 새가 누리는 것은 아니다. 타조나 에뮤, 펭귄처럼 날지 못하는 새도 있다. 타조는 날개가 퇴화되어 흔적만 남아 있으며 펭귄은 마치 지느러미처럼 날개가 짧게 변형되어 있다. 이러한 새들은 빠르게 달리거나 수영을 하는 등, 다른 것을 얻는 대신 나는 것을 포기한 셈이다.

새의 날개는 앞다리가 변형된 것으로 포유류의 앞다리나 사람의 팔과 상동기관相同器官, 형태나 기능은 다르지만 발생학적으로 동일한 기원을 가진 기관이다. 새들의 조상으로 생각되는 시조새의 화석을 보면 새들의 조상은 후손들에 비해 그다지 멋지게 날지는 못했을 것 같다. 물론 시조새도 날개를 가지고 있기는 하지만 현대의 고생물학자들은 시조새가 날아다니기보다는 오히려 힘센 다리로 땅 위를 뛰어다니거나 날개 뼈의 끝에 있는 날카로운 발톱으로 나무를 타고 오르내렸을 것이라고 생각한다. 시조새는 생김새로 보면 뱀 종류에 가깝지만 깃털로 뒤덮여 있다는 면에서는 새에 가깝다. 시조새의 후손들은 이 깃털 덕분에 빙하기의 극심한 추위에도 체온을 유지하여 살아남을 수 있었다. 그리고 오랜 시간을 거치면서 도약을 할 때나 활공을 할 때의 보조 수단으로 깃털을 사용하게 되었다. 이렇게 진화된 날개 깃털과 속이 비어 있어 가벼운 뼈가 새에게 저 높은 하늘 위로 날아오를 수 있는 능력을 주었다.

처음에 새들이 하늘로 날아오르게 된 계기는 무엇이었을까? 땅 위를 돌아다니는 포식자들을 피하려다 보니 하늘로 날아오르게 되었다고 주장하는 사람들이 있다. 포식자가 거의 없는 섬 지역에서 살아 온 도도 $^{dodo, Raphus cucullatus,}$ 인도양에 있는 모리셔스 섬에 살았던 타조만 한 날개 없는 새. 1681년쯤에 멸종했다. 와 같은 새들을 보면 이러한 주장이 설득력이 있다. 또 빠르게 움직이거나 날아다니는 먹잇감을 잡기 위해서라는 주장과 이곳에서 저곳으로 자유자재로 이동하기 위해서라는 주장도 있다. 마지막으로 다른 동물들이 사용하지 않는 나무 위나 절벽 같은 높은 곳에서 생활하기 위해서라는 주장도 있다.

날아오르기의 테크닉

날아오르는 방식은 새들마다 다르다. 제자리에서 바로 날아오르는 새가 있는가 하면 한참을 달리거나 높은 곳에서 뛰어내려야만 날아오를 수 있는 새도 있다. 수면이나 땅에서 바로 뛰어 날아오르는 새로는 황오리, 혹부리오리, 청둥오리, 흰뺨검둥오리 등이 있다. 일정 거리를 힘차게 땅을 박차며 뛴 다음에 날아오르는 새로는 고니, 흰죽지, 검둥오리, 뿔논병아리, 두루미 등이 있다. 이 새들은 10여 미터를 질주한 다음에 하늘로 날아오르는데 그 원리가 비행기가 뜨는 원리와 같다. 높은 곳에서 뛰어내리는 새로는 슴새, 칼새 등이 있다.

각양각색의 날개

새들은 생활양식, 그중에서도 비행 양식에 맞게 날개의 형태도 각양각색이다. 갈매기는 가볍고 폭이 좁으면서 긴 첫째 날개덮깃$^{새의 날개깃을 덮고 있는 깃털}$의 끝이 위쪽으로 굽어져 있어 날개 전체를 일정한 각도로 비틀 수 있다. 이러한 날개를 가진 덕에 갈매기는 탁 트인 넓은 공간에서 기류를 타고 날 수 있다. 좁은 영역에서 사는 비둘기는 짧고 강한 근육이 붙은 날개가 있어 힘차게 날아오를 수 있다. 황조롱이나 물총새는 먹이를 잡을 때 공중에서 날개를 퍼덕거리며 정지해 있는 정지 비행을 할 수 있다. 제비의 날개는 빠른 속도로 이동하기에 적합한 모양을 하고 있으며 매의 날개는 기류를 타고 활공을 하기에 알맞은 모양을 하고 있다. 백로의 커다란 날개는 효율이 좋아서 매초 2회 정도 날갯짓을 하면 날아오를 수 있다. 그러나 가장 작은 새인 벌새는 날개도 매우 작아 매초 80회 정도 날개를 퍼덕이지 않는다면 공중에 떠 있을 수조차 없다.

철새들의 하늘길

철새들은 매년 때가 되면 어김없이 찾아오고 또 돌아간다. 우리나라에서 겨울을 나는 겨울 철새들은 시베리아나 중국 북부 지역에서 3,000킬로미터나 되는 거리를 날아서 온다. 시속 60~80킬로미터의 속도로, 도중에 쉬지도 않고 날아오기 때문에 사나흘이면 거뜬하게 우리나라에 도착한다. 또한 철새들은 매우 높은 위치에서 날아다닌다. 오리와 기러기 종류는 2,000미터 상공까지 올라가고 두루미는 더 높은 4,000미터까지 올라간다. 현재까지 고도의 최고 기록

갈대밭에서 휴식을 취하고 있던 한 무리의 노랑부리저어새와 중대백로가 무엇에 놀랐는지 일제히 날아오르고 있다.

을 보유한 새는 쇠재두루미 *Anthropoides virgo*, 알제리, 유럽 남부, 중앙아시아에서 번식한다. 이다. 이 새는 중앙아시아에서 인도로 이동할 때 해발고도가 9,000미터에 가까운 히말라야 산맥을 날아서 넘는다고 한다.

철새들은 이동을 할 때 그때그때 마음 내키는 대로 가는 것이 아니라 항상 정해진 길을 따라 이동한다. 전 세계적으로 철새들이 이동하는 길은 세 갈래가 있는데 북극에서 아프리카 남단에 이르는 길과 북아메리카에서 남아메리카에 이르는 길, 그리고 우리나라를 포함하는 동북아시아에서 동남아시아에 이르는 길이다.

새들은 왜 먼 거리를 이동할까

수백에서 수천 킬로미터를 이동하는 것은 무척 힘든 일이다. 끊임없이 날갯짓을 해야 하고 언제 어디서 수리나 매와 같은 포식자가 나타날지도 모른다. 실제로 많은 새들이 목적지에 다다르기 전에 죽는데 특히 어리거나 늙고 쇠약한 새들이 중도탈락하는 새들의 대부분을 차지한다. 너무 지친 나머지 나는 도중에 땅으로 떨어져 죽는 경우도 있으며 먹이를 먹기 위해 중간에 땅에 내려앉았다가 풍족하게 먹이를 먹지 못해 다시는 날아오르지 못하는 경우도 있고, 돌풍이나 태풍 등에 휘말려 무리에서 이탈해 엉뚱한 곳으로 가게 되는 경우도 있다.

목숨을 잃을지도 모르는 위험을 무릅쓰고서 철새들

흰뺨검둥오리 무리가 대열을 지어 날고 있다.
흰뺨검둥오리는 매우 짜임새 있는 대열을 이루기로 유명한데 가까운 곳으로 이동할 때에는 대열이 비교적 느슨해진다.

이 먼 거리를 이동하는 이유는 무엇일까? 북쪽에서 사는 새의 경우 여름에는 상대적으로 곤충이나 풀 등의 먹을거리가 풍족하지만 혹독한 추위가 닥치는 겨울에는 그렇지 못하기 때문에 먹을거리가 풍부한 남쪽으로 이동한다는 설명이 있다. 실제로 시베리아 북부에 살고 있는 어떤 새는 겨울에도 먹이가 풍부하면 이동을 하지 않는다고 한다. 또한 모든 새들이 원래는 한곳에서 정착해 사는 텃새였으나 빙하기를 거치는 동안 일부가 철새로 변했다는 설명도 있다. 빙하기가 되면 더 따뜻한 남쪽으로 내려왔다가 간빙기에는 북쪽으로 돌아가고 다시 빙하기가 되면 남쪽으로 내려오는 이동을 반복하면서 주기적인 이동을 하게 되었다는 것이다. 남쪽에 살고 있는 새들이 북쪽으로 이동하는 이유에 대해서는 겨울 동안 눈에 덮여 얼어 있던 열매나 씨앗들이 따뜻한 봄이 되어 녹으면서 덩달아 곤충들도 풍부해지기 때문이라는 설명이 있다.

길을 잃지 않는 법

밤낮 없이 하루 종일 이동하는 새가 있는가 하면 주로 낮에는 이동하고 밤에는 휴식을 취하는 새, 그리고 주로 밤에만 이동을 하는 새도 있다. 주로 낮에 이동하는 철새를 보면 기러기, 고니, 두루미, 수리, 매, 그리고 속도가 빠른 제비, 칼새 등이다. 낮에 휴식을 취하거나 먹이를 먹기 위해 잠시 멈추기도 하지만 하루 종일 날기만 할 때도 있다. 이렇게 낮에 이동하는 새들은 해안이나 산맥, 평원 등 땅 위에 있는 물체를 표지판으로 삼는다고 한다. 찌르레기처럼 태양의 위치를 나침반으로 삼기도 한다. 비둘기가 둥지로 돌아올 때 태양의 위치를 보고 방향을 잡는다는 것은 널리 알려진 사실이다.

지빠귀나 멧새 등의 작은 새들은 주로 밤에 이동하는데 낮에는 매나 수리 같은 포식자에게 잡아먹힐 가능성이 크기 때문이다. 낮에는 숲이나 논밭, 물가에서 먹이를 먹으며 쉬다가 해가 지면 날기 시작해서 다음날 아침 해가 뜰 때까지 이동을 계속한다. 밤에 이동하는 철새들은 별을 나침반으로 이용한다. 밤하늘이 흐려 별이 보이지 않는 날이면 새들이 때때로 길을 잃곤 한다는 사실로도 목적지까지 도달하는 데에 있어 별이 얼마나 중요한 존재인지 알 수 있다.

오리 같은 물새들은 밤낮을 가리지 않고 이동하기도 한다. 날다가 지치면 언제든지 물 위에 내려앉아 먹이를 잡아먹거나 잠을 자는 등의 휴식을 취하는 것이 가능하기 때문일 것이다. 그 밖에도 지구 자기장이나 냄새 등을 길잡이로 이용하기도 하는데, 흥미로운 것은 무엇을 나침반 삼아 어떻게 이동할 것인지 하는 방향 조정 능력을 새들은 태어날 때부터 본능적으로 알고 있다는 사실이다.

우리나라에 오는 철새들

우리나라를 찾는 철새에는 겨울 철새, 여름 철새, 나그네새가 있다. 오리류처럼 러시아 연해주나 시베리아 등 북쪽 지역에서 번식을 하고 가을에 우리나라에 와서 겨울을 난 후 봄이면 다시 돌아가는 새를 겨울 철새라고 한다. 겨울 철새로는 긴꼬리홍양진이, 멋쟁이새, 댕기물떼새, 재갈매기, 흰줄박이오리 등 100여 종이 있다. 제비나 두견이, 호반새처럼 동남아시아 일대에서 겨울을 나고 봄이면 우리나라로 다시 돌아오는 새는 여름 철새라고 한다. 개개비, 검은딱새, 두견이, 청호반새, 후투티 등 60여 종이 여름 철새이다. 물떼새나 도요새처럼 북쪽에서 새끼를 기른 다음 남쪽에서 겨울을 나기 위해 이동하는 도중 봄과 가을에 우리나라를 지나가는 새를 나그네새라 한다. 나그네새는 우리나라에 잠깐 들렀다 가는 새이기 때문에 관찰하기가 쉽지 않다. 세가락매추라기, 바늘꼬리도요, 개꿩, 노랑허리솔새, 꼬까참새, 촉새 등 100여 종이 나그네새이다.

동양 최대의 철새 도래지로 알려져 있는 우리나라 낙동강 하구 을숙도에서는 계절별로 여름 철새와 나그네새, 겨울 철새 모두를 볼 수 있을 뿐만 아니라 오리, 도요, 가마우지, 백로 같은 물새와 수리, 매, 뜸부기, 개개비까지도 볼 수 있다. 을숙도는 낙동강과 바다가 만나는 곳에 생긴 삼각주로 상류에서부터 떠 내려온 영양분 많은 퇴적물이 드넓은 갯벌에 쌓여 새들의 좋은 먹을거리인 원생동물과 연체동물 등이 번성하기 안성맞춤이다. 또한 하구 주변에 펼쳐진 갈대밭은 개개비를 비롯한 많은 새들의 번식지로서 중요한 역할을 한다.

서산 천수만은 희귀한 새들을 만날 수 있는 몇 안 되는 장소이다. 천연기념물인 노랑부리저어새나 물떼새류 중 가장 아름답다고 소문난 장다리물떼새 등을 볼 수 있을 뿐만 아니라 아침저녁으로 하늘을 새까맣게 뒤덮으며 장관을 연출하는 가창오리 떼의 군무도 볼 수 있다. 이 밖에도 철원 비무장 지대나 제주도 성산포, 창원의 주남 저수지 등지에서 철새들을 볼 수 있다.

큰고니 떼가 V자 모양으로 대형을 만들며 날아가고 있다.
앞에 있는 새들에 비해 뒤에 있는 새들은 바람의 저항을 덜 받는다.

두루미 가족의 질주 위

두루미 가족이 목을 앞쪽으로 곧게 펴서 지면과 수평으로 한 다음 설원 위를 달리고 있다. 바람 부는 쪽으로 10여 미터를 달린 다음 하늘로 날아올랐는데 주위에 있던 다른 두루미들도 곧이어 뒤따라 달리기 시작했다. 가운데 있는 것이 어린 새끼이다.

물을 차고 날아오르는 넓적부리들 오른쪽

넓적부리들이 물 위를 몇 미터 달린 다음 날아오르고 있다. 넓적부리들을 따라 물길이 나 있다.

바위 위에서 날아오르고 있는
해오라기위와 재갈매기오른쪽

바위에서 쉬고 있던 해오라기가 먹이라도 발견했는지 급히 자리를 뜨고 있다.
날기 전에 새들은 몸을 가볍게 하기 위해서 배설을 한다.
재갈매기가 앉아 있던 바위는 온통 배설물 투성이다.

중대백로들의 우아한 날갯짓 왼쪽
날개가 큰 중대백로는 한두 번의 날갯짓으로도 공중에 떠 오를 수 있다.
크고 넓은 날개가 공기를 가르면서 윙윙 하는 소리와 함께 바람을
일으킨다.

힘찬 날갯짓으로 날아오르는
흰뺨검둥오리 한 쌍 위
호수나 하천, 연못 등에서 흔하게 볼 수 있는 광경이다.
부리 끝의 선명한 노란색과 주황색 다리, 흰색의 날개 밑면이 어두운
갈색의 몸통과 대비를 이루어 재빠르게 날아가는 순간에도 눈에 띈다.

괭이갈매기의 이륙 순간

해안가에서 무리를 지어 있던 괭이갈매기 중 한 마리가 날아오르자 바로 곁에 있던 다른 한 마리도 뒤따르고 있다. 먼저 날아오르는 새는 왼쪽 발이 불구인 것 같다.

물보라를 일으키며 날아오르는 넓적부리들

수십 마리의 넓적부리들이 한꺼번에 물 위에서
날아오르자 눈부시게 물보라가 일고 있다.
아침 햇살에 반짝이는 잔물방울들이
넓적부리들의 깃털 색깔과 어우러져 아름다운
광경을 만들어 내고 있다.

해오라기

해오라기 한 마리가 유유히 하늘을 날고 있다. 해오라기는 우리나라 전역에서 번식하는 흔한 여름 철새인데 때때로 겨울에도 볼 수 있다.

제트기를 연상시키는 청다리도요들

아래에서 올려다본 청다리도요는 마치 제트기처럼 잘 빠진 유선형의 몸매를 하고 있다. 봄과 가을, 갯벌이나 논, 호수, 저수지 등에서 흔히 볼 수 있는 나그네새이다.

큰기러기의 이동
큰기러기는 우리나라에서 겨울을 나고 유라시아로 이동해 간다.
대열을 이루어 이동할 때 한 마리씩 번갈아 가며 소리를 지르는데
소리를 통해 서로의 위치를 확인함으로써 대형을 유지한다.

바닷가 풀밭을 가득 메운 흰꼬리좀도요
얕은 물에 발을 담그고 먹이를 먹고 있던 흰꼬리좀도요들이 후다닥 날아오르고 있다.
도요류 중에서 몸집이 작은 편에 속하며 봄과 가을에 우리나라를 지나는 나그네새이다.

갑자기 날아오르는 쇠기러기 떼의 뒷모습

무언가에 놀란 쇠기러기들이 일제히
날아오르고 있다. 쇠기러기의 꽁지는
얼룩말의 줄무늬와 같은 효과를 내는 것 같다.
수많은 쇠기러기들이 한꺼번에 날아오르면
누가 누구인지, 머리는 어디고 꽁지는 어디인지,
보는 이로 하여금 매우 혼란스럽게 만든다.

가마우지^{위1}, 큰기러기^{위234}, 홍머리오리^{오른쪽}의 비행 대형

새들은 무리를 지어 날 때 주로 일직선이나 V자 모양의 대형으로 난다.
뒤에 있는 새들은 바람의 저항을 덜 받기 때문에 에너지 소모를 줄일 수 있다.
앞에는 주로 경험이 많고 튼튼한 새들이 자리하고 그 뒤에 어리거나 늙은 새들이 자리한다.
계속해서 앞에서 나는 것은 매우 힘들기 때문에 나는 도중에 다른 새들과 자리를 바꾸기도 한다.

가창오리 떼의 군무

가창오리는 아침, 저녁으로 보금자리 근처 하늘 위에서 떼를 지어 비행을 한다. 마치 누군가의 지휘를 받고 있는 것처럼 왼쪽, 오른쪽, 위아래로 질서정연하게 회전을 하는 모습이 대단히 매력적이다. 이들의 협동은 너무도 완벽해서 잘 훈련된 비행 편대의 곡예비행을 보는 듯하다. 몇 개의 무리로 나뉘어 카드 섹션 하듯이 한 무리씩 연달아 몸을 뒤집는데 뒤집을 때마다 쏴쏴 하는 소리가 난다.

가창오리 떼의 아침 _{다음쪽}

동이 트기 전 잠자리에서 일어난 가창오리들이 차츰차츰 모이고 있다. 멀리까지 가지는 않고 잠자리 근처에서 떼를 지어 이리저리 배회한다.

우리는 한참 동안 여러 가지 형태로 팔을 얼기설기 끼우고 흥겹게 춤을 추었다.
그녀는 얼마나 매력적이고 경쾌하게 몸을 움직였는지 모른다!
이렇게도 경쾌하게 내 몸이 움직인 적은 없었다. 나는 이미 이 세상 사람이 아니었다.
비길 데 없이 사랑스러운 여성을 내 팔에 껴안고 번개처럼 날아다니다 보니
주위의 모든 것이 시야에서 사라져 버렸다.
— 요한 볼프강 폰 괴테, 『젊은 베르테르의 슬픔』

1부 2장

꽃 피는 봄이 오면

평원 위에서 암수 두루미 한 쌍이 서로 마주 보고 춤을 추고 있다. 머리를 숙이고 다가가서 가볍게 위아래로 흔들거나 날개를 푸드덕거리면서 하늘 높이 뛰어오르고 서로의 주위를 빙빙 돌며 절을 하기도 한다. 한참을 그렇게 주위에 아랑곳없이 춤을 추다가 어느 순간 암컷이 바닥에 주저앉으면 수컷이 암컷 뒤로 다가가서는 날개를 활짝 펼친다. 곧이어 짝짓기가 이루어진다. 봄이 다가오면 이곳저곳에서 짝을 짓기 위해 동분서주하는 새들을 볼 수 있다. 저마다 최고의 배우잣감이 되기 위해 화려한 깃털로 몸단장을 하거나 아름다운 선율의 노래와 춤을 선보이며 일 년 중 가장 매력적인 모습을 자랑한다.

청둥오리 한 쌍의 데이트
꽃이 만발한 저수지에서 수컷이 빙빙 돌며 괜스레 깃털을 다듬는다든지 부리로 물을 찢는 행동으로 암컷의 주의를 끌고 있다.

먹이를 먹고 있는 꿩 한 쌍
수컷이 소리를 내어 먹이가 있다는 신호를 보내자 암컷이 다가와 함께 먹이를 먹고 있다.

둥지 재료를 문 참새
참새가 둥지를 지을 재료로 작은 나뭇가지를 꺾어 물었다.

솔개들의 구애 비행
솔개 한 쌍이 꽤 넓은 영역 위를 함께 날아다니고 있다.

뿔논병아리 수컷이 암컷을 향해 구애의 소리를 내고 있다.
뿔논병아리는 암수가 함께 수중 발레를 하는 것으로 유명하다.

사랑의 세레나데

봄이면 산과 들에서 새들의 아름다운 지저귐을 들을 수 있다. 색색의 꽃에 파묻혀, 색색의 꽃에 버금가는 아름다운 빛깔을 자랑하는 꾀꼬리가 부르는 노래를 듣는 것은 크나큰 행운이다. 노래를 부르는 것은 대부분 수컷인데 암컷에게 자신이 얼마나 매력적인 존재인지를 노래로써 과시하고 암컷을 유혹한다. 하루 종일 노래하던 수컷은 일단 암컷을 유인하게 되면 거의 노래를 부르지 않는다.

새들의 노래는 매우 다양해서 종에 따라서도 다르지만 같은 종이라 할지라도 지방에 따라서 또 약간씩 달라진다. 마치 경상도 사람과 강원도 사람의 말이 약간 다르듯이 새들도 지방 특유의 사투리를 가지고 있는 셈이다. 개체에 따라서도 약간씩 노래가 달라진다. 개개비 수컷은 50개가 넘는 음절을 가지고 있으며 1분 동안 수백 개의 음절까지도 사용한다고 한다. 보통 7개의 서로 다른 음절을 교대로 사용하거나 반복, 혼합해서 하나의 노랫가락을 만들어 부른다.

화려한 의상과 춤

꿩처럼 아름다운 깃털을 가진 새들은 홰갯짓으로 깃털을 자랑하여 미래의 배우자를 유혹한다. 평상시에는 그다지 화려하지 않은 새라 할지라도 번식기가 되면 화려한 깃털을 갖게 되는 경우가 있는데 이때의 깃털을 번식깃이라고 부른다. 원앙 수컷은 번식기가 되면 은행잎 모양을 한 셋째 날개깃이 화사한 주황색을 띠게 된다. 암컷에게로 다가가서는 이 깃을 살짝 살짝 건드린다든지 수직으로 세워 열심히 구애 신호를 보낸다. 공작의 꼬리처럼 지나치게 화려하거나 거대한 깃털은 포식자의 눈에 쉽게 띌 뿐만 아니라 도망을 친다든지 어딘가로 이동을 할 때 걸리적거릴 수도 있다. 그러나 최고의 배우자로 낙점되어 자신의 유전자를 후대에 남길 수 있다면야 포식자에게 잡아먹히거나 굶어 죽을 위험 정도는 충분히 무릅쓸 수 있을 것이다.

재갈매기가 머리를 위아래로 흔들면서 크게 울어대는 행동이나 목도리도요가 날개를 퍼드덕거리면서 북 치는 소리를 내는 행동 등, 아름다운 노랫소리는 아니지만 다양한 동작과 소리를 곁들여 암컷을 유혹하는 경우도 있다. 논병아리는 암수가 함께 수중 발레를 하는 것으로 유명하다. 수컷이 부리로 어깨의 깃털을 들춰 보이며 머리를 설레설레 흔들면 암컷도 같은 몸짓으로 구애에 응함을 알려 준다. 그러면 수컷은 물고기나 물풀 등을 물어다가 사랑의 선물로 건네주고 이때 암컷은 부리 끝으로 규칙적으로 물을 쪼거나 깃을 다듬는 행동을 반복한다. 그리고 암수가 함께 가슴을 높이 쳐들어 맞대거나 그 자리에서 빙빙 돌다가 날쌔게 약 30미터쯤 수면 위를 달린 다음 물속으로 잠수한다. 이러한 구애 행동이 몇 분 동안 계속되는데 암컷이 수컷의 주의를 끄는 울음소리를 내며 목을 두 어깨 사이로 웅크리는 자세를 취하면 사랑은 비로소 완성된다.

선물 공세

물총새나 쇠제비갈매기의 구애 행동은 매우 실리적이다. 다른 새들처럼 춤을 춘다거나 멋진 깃털을 과시하는 것이 아니라 수컷이 직접 물고기나 우렁이 등의 먹을 것을 잡아서 암컷에게 선물한다. 물총새 수컷은 수직으로 다이빙을 해서 물고기를 잡은 다음 바위 위에다 잡은 물고기를 패대기친다. 물고기를 왼쪽과 오른쪽, 양쪽으로 번갈아 가며 골고루 패대기친 다음 암컷의 입에다 넣어 주는데 신기한 것은 항상 물고기 대가리를 암컷에게 향하게 해서 준다는 것이다. 바위 위에 물고기를 패대기치는 것은 비늘을 떼 내고 단단한 뼈를 부수어서 물고기를 더 부드럽게 만드려는 것으로 생각된다. 이렇게 먹이를 선물함으로써 아마도 수컷은 자신이 먹이 사냥을 잘하며 앞으로 새끼가 태어났을 때 가족을 잘 부양할 수 있음을 과시하는 듯하다.

새들도 부동산의 유무를 따진다

개개비사촌이나 굴뚝새는 둥지를 중요한 구애 수단으로 사용한다. 여름 철새인 개개비사촌은 수컷들이 먼저 이동을 해 와서 한적한 수변이나 풀밭 등지에 둥지를 만든다. 동

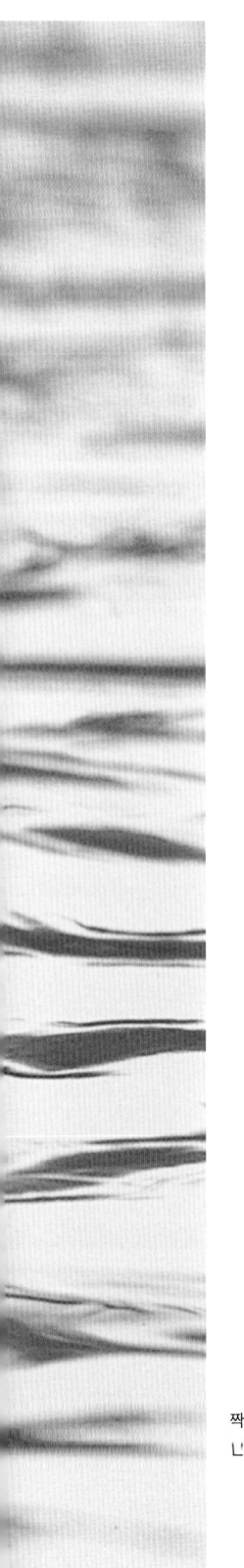

짝짓기를 하는 동안 원앙 수컷이 암컷의 뒷목덜미를 물고 있다. 은행잎에 비유되는 셋째날개깃이 매우 화사해서 쉽게 눈에 띈다.

지는 거미줄로 갈대 잎을 매우 정교하게 엮은 것인데 나중에 도착한 암컷이 이 둥지를 마음에 들어 하면 둘은 짝을 짓는다. 개개비사촌은 일단 암컷이 알을 낳고 나면 근처에 다시 둥지를 지어 다른 암컷을 끌어들인다. 어떤 개개비사촌 수컷은 구애를 위해 둥지를 18개까지도 만들고 11마리의 암컷과 교미를 했다고 한다.

완성된 둥지는 아니지만 앞으로 둥지를 지을 둥지 터를 유혹의 수단으로 사용하는 새들도 있다. 자갈이 있는 강변이나 해안에서 번식하는 꼬마물떼새 수컷은 둥지 터를 여러 개 골라 암컷에게 보여 준다. 수컷이 꼬리를 부채처럼 활짝 펴 그늘을 만들어 둥지 터를 안내하면 암컷은 둥지 터에 앉아 보기도 하고 주위를 맴돌기도 한다. 신중한 암컷은 둥지 터를 10곳 이상 둘러본 후에야 마음을 정한다. 둥지 터가 마음에 들면 암컷은 수컷의 앞쪽으로 꽁무니를 내밀고 곧이어 짝짓기가 이루어진다.

나의 짝의 수는?

새들은 번식기에 짝을 짓는 배우자의 수가 하나인 경우가 대부분이지만 여럿인 경우도 있다. 90퍼센트 이상의 새들이 한 마리의 암컷과 한 마리의 수컷이 짝을 짓는 일부일처제를 고수한다. 개개비처럼 수컷 한 마리가 여러 마리의 암컷을 거느리는 경우는 일부다처제라고 하며 반대로 암컷 한 마리가 여러 마리의 수컷과 짝을 짓는 것은 일처다부제라 한다. 그 외에 암컷도 수컷 여러 마리와 짝을 짓고, 수컷도 암컷 여러 마리와 짝을 짓는 난혼제가 있다.

실제로 일부일처제를 유지하는 새라 할지라도 번식기에 자신의 배우자가 아닌 다른 암컷이나 수컷과 짝짓기를 하는 혼외 교미 행동을 하기도 한다. 수컷의 경우에 암컷이 낳은 새끼가 자신의 자식인지 남의 자식인지를 확신할 수 없기 때문에 교미가 끝난 후에는 암컷을 따라다니며 다른 수컷과 교미를 하지 못하도록 철저히 감시한다.

사랑의 요람, 둥지

새의 둥지는 밤이 되면 온 가족이 함께 모여서 휴식을 취하고 잠을 자는 그런 곳으로서의 집은 아니다. 그렇다고 해서 비바람을 피하고 적으로부터 자신을 지키는 보호소로서의 집도 아니다. 둥지는 사실 일종의 육아실이다. 번식기가 되면 둥지를 짓고 알을 낳아 부화시킨 다음 키워서 날려 보낸다. 그 외의 기간에는 둥지를 거의 사용하지 않는다.

둥지가 제대로 된 육아실 역할을 하기 위해서는 알이 부화하기에 적합한 온도와 습도를 유지할 수 있어야 한다. 게다가 새끼가 알에서 깨어 나온 후 일정 기간 동안 둥지에서 지내야 하는 새들의 경우에는 새끼들이 쪄 죽거나 얼어 죽지 않도록 둥지 안의 온도가 너무 높지도 너무 낮지도 않게 유지되어야 한다. 도망갈 능력이 없는 알과 새끼는 뱀이나 청설모와 같은 나무타기 선수들과 육식을 하는 새들에게 안성맞춤인 먹잇감이다. 그러므로 부모 새들은 둥지를 지을 장소를 고를 때에 이러한 포식자들의 눈에 잘 띄지 않는 곳을 선택하며 둥지 안에서 알을 품고 새끼를 기를

참새가 둥지 지을 때 쓸 나뭇가지를 물고 있다.
둥지 재료로는 나뭇가지, 동물의 털이나 새들의
깃털, 식물의 뿌리 등 다양한 것들이 사용된다.

때에도 포식자에게 들키지 않도록 만전을 기한다.

명당을 찾아서

새들에 따라서 둥지를 짓는 장소나 둥지의 모양은 각양각색이다. 나무 꼭대기에 둥지를 짓는 새가 있는가 하면 나뭇가지가 갈라지는 곳에 둥지를 짓는 새, 나무나 흙벽에 구멍을 파서 둥지를 짓는 새, 처마 밑에 둥지를 짓는 새, 심지어 땅 속이나 절벽에 둥지를 짓는 새도 있다. 그리고 파랑새처럼 다른 새가 쓰던 둥지를 사용하는 새도 있으며 물떼새, 쇠제비갈매기처럼 바닥을 약간 매만질 뿐 둥지를 짓지 않는 새도 있다. 이런 경우 둥지 터를 둘러싼 경쟁을 하지 않아도 되고 둥지 재료를 구하거나 둥지를 짓는 데 드는 시간과 에너지를 절약할 수 있다.

흔히 볼 수 있는 둥지는 접시 모양으로 어미 새가 알을 품고 있을 때를 제외하고는 둥지 위가 덮이는 일이 없는 형태이다. 비둘기나 백로 등의 많은 새들이 접시 모양의 둥지를 짓는다. 하지만 붉은머리오목눈이의 둥지처럼 밥그릇 모양인 것도 있다. 둥지의 크기는 역시 새의 크기와 상관이 있기 때문에 벌새처럼 작은 새의 둥지는 지름이 겨우 2.5센티미터이지만 수리 종류의 둥지는 지름이 2.5미터를 넘기도 한다.

딱따구리가 나무에 구멍을 여러 개 파 놓았다. 딱따구리는 먼지, 집짓기, 먹이 찾기 등 여러 가지 목적으로 나무에 구멍을 판다.

건축 자재

둥지 재료는 쉽게 구할 수 있는지, 쓰기에 편리한지, 무게를 견딜 수 있는지 등의 여러 가지 사항을 고려하여 선택된다. 둥지 재료는 내부에서 알이 깨어져 나올 때의 형태를 유지해야 하며 비바람이나 더위, 추위 같은 기상 요소들이 주는 피해도 어느 정도 막을 수 있어야 한다. 또한 천적의 눈에 띄지 않는 위장막 역할도 할 수 있어야 한다.

둥지를 만드는 데 쓰이는 주요 식물들은 새들이 번식에 들어갈 때쯤 번식지 근처에서 막 자라나는 것들이 대부분이다. 따라서 특정 지역에서 번식하는 새들의 둥지 재료는 대부분 비슷비슷하다. 사람들이 표준 건축 자재를 쓰는 것처럼 말이다. 둥지 재료로는 나뭇가지나 뿌리 같은 식물 재료와 털, 깃털 등이 일반적으로 쓰인다. 그리고 흙이나 타액이 쓰이기도 한다. 작은 새들은 이끼나 식물의 섬세한 줄기, 동물의 깃털, 나무 부스러기 같은 가벼운 섬유 재료로 컵 모양의 둥지를 만들어 내는데 그 솜씨가 정말 정교하다.

새들은 부리와 발로 잔가지와 그 밖의 둥지 재료를 나른다. 제비는 땅에서 진흙을 퍼 입에 물고 둥지 터로 나르고 독수리는 굵은 나뭇가지를 갈고리 같은 발톱으로 들어 올린다. 진흙을 풀줄기나 모래와 섞어서 모르타르나 접착제로 쓴다. 솔개나 독수리 같은 맹금류의 둥지는 어찌나 튼튼한지 사람 하나가 올라타도 끄떡하지 않을 정도이다.

75

암컷에게 줄 선물을 마련한 두루미^위와 물총새^{오른쪽}

두루미 수컷이 배가 잠길 정도의 깊은 물에 들어가 암컷에게 줄 참게를 잡아 오고 있다.
이 두루미는 물 밖에 나와 참게를 바닥에 팽개쳐 죽인 다음 발을 다 떼고 깨끗하게 물에 헹궈
암컷에게 주었다.
물총새 수컷이 물속으로 다이빙을 해서 우렁이를 잡은 직후 나뭇가지 끝에 앉고 있다.
곧이어 암컷에게 가져다주었고 암컷은 이 우렁이를 통째 삼켰다.

쇠제비갈매기의 선물 공세
수컷이 작은 물고기를 잡아 와서는 공중에서 암컷에게 먹여 주고 있다.
그 후 둘은 수컷의 세력권으로 날아갔고 수컷이 암컷에게 둥지 자리를
보여 주었다.

두루미 한 쌍의 구애 춤
처음에 수컷 두루미가 먼저 춤을 추기 시작하면 암컷이 따라 춘다.
마주 보고 폴짝폴짝 뛰기도 하고 날개를 퍼드덕거리며 날아오르기도 한다.
이렇게 춤을 추다가 흐지부지되는 경우도 있지만 암컷이 바닥에 앉으면
짝짓기가 이루어진다.

참새^{위1,2}, 장다리물떼새^{위3}, 중대백로^{위4}, 꼬마물떼새^{오른쪽}의 짝짓기

각자 자신의 둥지 바로 위나 둥지 근처에서 짝짓기를 하고 있다.
참새는 둥지 근처 나뭇가지에서, 장다리물떼새와 중대백로는 둥지 바로 위에서,
둥지를 따로 짓지 않고 땅을 조금 매만져서 둥지로 사용하는 꼬마물떼새는
땅 위에서 짝짓기를 하고 있다.

원앙의 짝짓기
다른 수컷들이 접근하지 못하도록 하기 위해 수컷이 암컷을 상류로 몰았다.
짝짓기가 끝나고 나서 암수 모두 요란하게 물장구를 치며 목욕을 하고 있다.(위)
짝짓기 후 바위 위에 올라가 잠시 휴식을 취하고 있다.(오른쪽)

짝짓기 후에도 애정을
과시하는 장다리물떼새

짝짓기 후 수컷이 자신의 부리를 암컷의 부리와 교차시켜
암컷의 등 뒤에서 내려온 다음, 부리를 계속 X자로 유지하면서
포옹하듯이 암컷 주위를 한바퀴 돌고 있다.
짝짓기가 끝난 후에도 이러한 의식을 보이는 새는 드물다.

둥지 짓기에 여념이 없는 새들

오목눈이 아래 1
향나무나 관상수에 둥지를 짓는데 새의 몸집에 비해 둥지가 큰 편이다.
둥지 안에 알자리를 만들 때 쓸 새털을 물고 있다.

민물가마우지 아래 2
절벽이나 나무, 바닥 등 다양한 곳에 둥지를 튼다.
수컷이 재료를 물고 오면 암컷이 재료를 받아서 둥지를 짓는다.

장다리물떼새 아래 3
장다리물떼새는 논에다 둥지를 짓는데 둥지를 완성할 즈음에는 논에 물이 차서
마치 둥지가 물 위에 떠 있는 것 같다. 암컷과 수컷이 힘을 합해 둥지를 만들고 있다.

중백로 오른쪽
높은 나무 위에 둥지를 짓는데 주로 수컷이
나뭇가지 등의 재료를 물어 오고 암컷이 둥지를 짓는다.

까막딱따구리의 집^위을 차지한 파랑새 오른쪽

까막딱따구리가 소나무에 구멍을 파서 둥지를 만들었다.
그러나 2주 후에 가 보니 그 집의 주인은 파랑새로 바뀌어 있었다.
파랑새는 다른 새의 둥지를 무단 점거하여 알을 낳고 새끼를 기른다.
둥지를 사용하고 있던 새가 이미 알을 낳은 경우에는 그 알을 먹어 치우고
자기 알을 낳는다. 이전 주인인 까막딱따구리는 아마 다른 곳에다
새로운 둥지를 지었을 것이다.

백로들의 아파트촌 다음쪽

백로들은 높은 나무 위에 무리를 지어 둥지를 트는데 둥지 사이의 거리가
매우 가깝다.

중요한 일들이 기러기의 알 속에서 진행되고 있음이 틀림없다.
귀를 대어 보면 딱딱 하는 소리와 꼼지락거리는 소리를 들을 수 있다.
한 시간이 지나서야 비로소 구멍이 뚫린다.
이 구멍을 통해 최초의 새 모습을 볼 수 있다.

— 콘라트 로렌츠, 『솔로몬의 반지』

1부 3장

세상 속으로

칠면초가 빨갛게 융단처럼 펼쳐져 있는 영종도 상공에 검은머리갈매기 한 마리가 떴다. 망원 렌즈를 들고 돌아다니는 나를 보고 알을 품다 말고 날아오른 것이다. 이윽고 여기저기서 한두 마리씩 모이기 시작하더니 어느새 내 머리 위에는 족히 10여 마리는 되어 보이는 검은머리갈매기 떼가 형성되어 이리저리 경계 비행을 하고 있다. 번식기의 부모 새들은 매우 예민하다. 알이나 새끼가 포식자에게 발각이 될까 봐 늘 노심초사하며 조그만 소리와 움직임에도 민감하게 반응하여 경계 태세를 취한다. 이러한 부모의 정성어린 보살핌이 있기에 작고 여린 새끼 새들은 알에서 나와 거친 세상 속에 던져져도 결코 두렵지 않을 것이다.

왜가리 가족
왜가리는 서로 서로 모여 둥지 촌을 이루는데 둥지 사이의 거리가 매우 가깝다.

검은머리갈매기 새끼
알에서 깬 지 이틀 정도 된 검은머리갈매기 새끼들이다. 태어날 때부터 털이 다 나 있다.

어미 쇠물닭을 뒤따르는 새끼들
어미 쇠물닭의 구령에 맞추어 새끼들이 일사분란하게 이동하고 있다.

두루미 가족의 한가로운 한때
부모 새 중 한 마리는 새끼와 함께 먹이를 먹고 있고 나머지 한 마리는 경계를 하고 있다.

쇠물닭이 논에 둥지를 틀고 알을 낳았다.
이런 경우 가끔 농부들이 둥지를 치워 버리기도 한다.

모든 것의 시작, 알

둥지 짓기가 어느 정도 마무리 단계에 들어가면 어미 새는 알을 낳기 시작한다. 어떤 경우에는 안이 다 보일 정도로 허술하게 둥지를 지어 놓고도 알을 낳기 시작해서 어미 새가 알을 품는 동안 둥지 짓기를 계속하기도 한다.

참새목에 속하는 많은 새들이 보통 하루에 1개씩 알을 낳고 매나 올빼미, 갈매기 종류는 하루 건너 1개씩 알을 낳는다. 수리 종류는 5일 간격으로 알을 낳는다고 한다. 대부분의 새들이 이른 아침에 알을 낳지만 남의 둥지에다 알을 낳는 뻐꾸기는 오후에 몰래 숨어들어 알을 낳는다. 알의 개수도 매우 다양한데 바다오리는 보통 1개의 알을 낳으며 두루미는 2개, 도요나 물떼새는 4개, 꿩은 8개에서 15개까지도 낳는다고 한다.

알의 크기는 주로 부모 새의 크기와 관련이 있다. 지구상에 생존하는 새들 중에서 가장 큰 새인 타조의 알은 그 무게가 1.5킬로그램 정도이고 가장 작은 새인 벌새의 알은

0.35그램 정도이다. 타조의 알이 벌새의 알보다 약 4,500배나 무거운 셈이니 그 크기의 차이도 엄청날 것임을 짐작할 수 있다. 그러나 이렇게 큰 타조의 알은 실제 어미 타조의 몸무게의 1.7퍼센트에 불과하고 오히려 작은 벌새의 알은 어미 벌새의 몸무게의 10퍼센트에나 달한다고 한다.

알의 이모저모

알 껍데기에는 미세한 구멍들이 수없이 많이 나 있다. 표면의 질감은 딱따구리의 알처럼 반질반질해서 눈이 부시게 빛나는 것도 있는 반면에 가마우지의 것처럼 매우 거칠거나 석회질인 것도 있다.

알의 색깔은 종에 따라 다양하다. 때로는 같은 종임에도 불구하고 알 색깔에 변이가 나타나기도 한다. 어떤 것은 누르스름한 색에서부터 불그스레한 갈색까지, 어떤 것은 연한 파랑색에서부터 짙은 녹청색까지의 색을 띠고 있어서 같은 종의 새가 낳은 알이라고 믿기 힘들 정도로 색깔의 변이가 심한 경우도 있다. 바닥에 둥지를 만드는 새의 경우 대개 알의 색깔이 짙은 편이다. 짙은 색은 강렬한 햇빛과 천적의 시야로부터 알을 보호하는 역할을 한다. 구멍 속에 둥지를 만드는 새의 알은 옅은 색을 띠거나 무색이다. 같은 파란색 알이지만 벼랑의 움푹 팬 곳이나 구멍 속에 둥지를 트는 쇠유리새의 알에 비해 개방된 둥지를 만드는 울새나 지빠귀의 알이 더 짙은 파란색을 띤다. 백로처럼 높은 곳에서 번식하는 새들의 알에 비해 낮은 곳에서 번식하는 새들의 알이 더 단단하고 보호색도 발달한 편이다. 물떼새의 경우 자갈밭에다 알을 낳는데 알의 색깔이 거의 자갈과 흡사해서 발견하기가 쉽지 않다. 겨우겨우 발견해서 위치를 파악해 놓아도 잠시 고개를 돌렸다 다시 그 자리를 보면 찾지 못할 정도이다. 바다오리의 알은 모양이 독특하고 색깔도 가지각색이다. 바다오리 암컷은 둥지를 짓지 않고 절벽 턱에 1개의 알을 낳는데 특이하게도 알의 끝이 뾰족하기 때문에 어미 새가 그 위험한 절벽에서 잘못하여 알을 건드려도 밑으로 굴러 떨어지지 않을 뿐더러, 알을 굴려도 똑바로 구르지 않고 원을 그리며 되돌아온다고 한다. 또 바다오리의 알은 색깔이 서로 달라 수천 개의 알 속에서도 어미 새는 자기 알을 구별해 낼 수 있다고 한다.

알을 품어라

오리나 기러기 같은 새들은 알을 거의 다 낳았을 무렵 알을 품기 시작해서 새끼들이 거의 동시에 부화된다. 둥지가 바닥에 있는 탓에 새끼들은 알에서 깨자마자 서둘러 둥지를 떠난다. 그러나 매, 올빼미, 백로와 같은 큰 새들은 첫 알을 낳은 그날부터 알을 품기 때문에 새끼들이 간격을 두고 부화하게 된다. 그리하여 먼저 알에서 깬 새끼가 어미 새의 먹이를 독점하여 나중에 태어난 새끼를 굶어죽게 만들거나 심지어는 나중에 태어난 새끼를 잡아먹어 버리기까지 한다.

온도가 높아지면 알이 상할 염려가 있다. 꼬마물떼새가 알을 식히기 위해 배에 물을 적셔 왔다.

어미 새가 그냥 알 위에 앉아 있다고 해서 알이 부화되는 것은 아니다. 새들은 배 아래쪽에 포란반抱卵班 이라고 하는 열을 전달해 주는 부분이 있다. 혈관이 모여 있는 부분이라서 피부의 온도가 매우 높은 편이다. 새들은 알 위에 앉을 때 밑으로 깃털을 열고 이 포란반이 알과 알맞게 접촉하게끔 하여 몸을 낮춘다. 포란반의 수는 종에 따라 다르지만 대체로 1~3개를 가지고 있으며 암컷과 수컷 중에서 알을 품는 쪽만이 이 포란반을 가지고 있다. 그러나 모든 새가 포란반을 가지고 있는 것은 아니다. 포란반이 없는 오리는 자신의 솜깃털을 뽑아서 알자리를 마련, 알을 따뜻하게 유지한다.

어미 새는 정기적으로 한 시간에 한 번 내지 두 번 정도 알을 뒤집든가 앉은 위치를 고쳐서 온도가 골고루 유지되도록 한다. 알의 온도는 섭씨 33도 정도를 유지해야 하며 너무 뜨겁거나 너무 차가워도 안 된다. 백로나 왜가리, 제비갈매기, 도요 종류는 암수가 교대로 거의 하루 종일 알을 품으며 참새목의 새들은 대체로 암컷만이 알을 품는다. 대개 새들은 한 번에 13~30분간 알 위에 있으며 먹이를 먹기 위해 6~10분간 휴식을 한다.

큰 새라고 해서 가장 오랫동안 알을 품는 것은 아니며 가장 작은 새가 가장 짧게 알을 품는 것도 아니다. 타조가 알을 완전히 부화시키는 데에는 42일 정도 걸리고 검녹수리는 43~45일 정도가 필요하다. 까막딱다구리는 14일 정도, 벌새는 14~17일 동안 알을 품으면 알 껍데기를 깨고 새끼가 태어난다.

껍데기를 벗어던지고

가냘프기 짝이 없는 새끼 새들이 어떻게 그토록 단단해 보이는 껍데기를 깨고 나올 수 있는 것일까? 새들은 이빨이 없는 대신 난치(卵齒)라는 단단한 돌기가 부리 끝에 있어서 이것으로 알 껍데기를 깨고 나올 수 있다. 새끼 새가 알 껍데기를 깨고 나오는 데에는 대략 하루 정도가 걸리는데 일단 알에서 나오고 난 뒤 이틀쯤 지나면 이 난치는 없어진다.

새들 중에는 알에서 나온 지 두어 시간 만에 걸어 다닐 수 있는 새들이 있다. 이러한 새들을 조성성(早成性) 새라 하는데 조성성의 새들은 이미 털이 나 있는 상태로 알에서 나온다. 오리나 기러기 등의 대부분의 물새와 두루미, 닭 등이 조성성 새이다. 새끼가 알에서 깨어날 때에 털이 거의 없으며 알에서 깨자마자는 걸어 다닐 수도, 먹이를 스스로 먹을 수도 없는 새들은 만성성(晩成性) 새라 한다. 참새나 제비, 까치 등 대부분의 산새들이 만성성 새이다. 만성성의 새들은 체력이 붙고 깃털이 발달하여 둥지 밖으로 나와 스스로 날 수 있을 때까지 길게는 몇 주까지도 부모의 보살핌을 받는다. 둥지 밖으로 나와서도 한동안은 스스로 먹이를 구하지 못해 부모에게서 먹이를 받아먹는다.

대개 새끼들을 보면 머리에 비해 입이 무척 크고 입 가장자리의 돌출부와 목구멍이 유난히 밝은 빨간색을 띠고 있다. 이 밝은 색이 어미 새를 자극해서 먹이를 먹여 주도록 한다. 태어난 지 얼마 안 된 새끼들은 몸도 스스로 가누지 못하고 할 수 있는 것이라고는 입을 크게 벌려 먹이를 달라고 조르는 일과 배설하는 일밖에 없다. 새끼들은 배설을 하고 싶을 때 엉덩이를 어미 새 쪽으로 치켜 올려 어미 새의 눈에 띄도록 한다. 그러면 어미 새가 새끼들의 배설물을 물어서 밖에 내다 버리거나 먹어 치운다.

지극정성으로

장시간 동안 알을 품고 새끼들을 보살피는 것은 이만저만 고생스러운 일이 아니다. 많은 시간과 에너지가 들 뿐 아니라 갑자기 나타나는 포식자에 대해서도 속수무책이다. 알이나 새끼는 쉽게 포식자의 표적이 되고 부모 새는 자신의 알이나 새끼를 끝까지 보호하기 위해 자신의 목숨이 위험해지는 것도 마다하지 않는다.

부모 새는 평상시에 둥지를 드나들 때에도 포식자에게 발각이 되지 않도록 만전을 기한다. 알을 품던 도중에 둥지 밖으로 나갈 일이 생기면 자신의 가슴에서 뜯어낸 깃털이나 둥지 재료를 그러모아 알 위에 덮어 두고 나간다. 알의 온도가 내려가지 않도록 따뜻하게 유지시켜 줌과 동시에 포식자에게 노출되지 않게 하기 위해서이다. 붉은부리갈매기는 새끼가 알 껍데기를 깨고 나오면 재빨리 알 껍데기를 먹어 버리거나 다른 곳에 갖다 버린다. 알이나 새끼는 주위 색과 잘 분간이 가지 않지만 알 껍데기의 내부는 새하얗기 때문에 포식자의 눈에 쉽게 띌 수 있다.

물떼새나 쇠제비갈매기와 같이 그냥 바닥을 매만져서 둥지로 사용하는 새들은 자연열로 인해 어느 정도 온도가 유지되기 때문에 알을 품는 데 그다지 많은 노력을 하지 않아도 된다. 그러나 알을 품지 않는다고 하더라도 항상 알 주위에 있으면서 포식자가 나타나지는 않는지, 알을 지키고 있으며 더운 날에는 자갈의 온도가 올라가거나 땅에서 찌르레기가 법흥사 대웅전 지붕에 둥지를 틀었다.
어미 새가 먹이를 물고 오자 새끼가 고개를 빼고 입을 벌리고 있다.
찌르레기는 암수가 함께 새끼들에게 먹이를 물어다 준다.

올라오는 지열 때문에 알이 상할 위험이 있으므로 부지런히 물가로 가서 배와 날개에 물을 축여 와 알을 식혀 준다.

포식자가 둥지 근처에 나타나면 포식자의 머리 위를 위협적으로 선회하면서 먹이를 토하거나 똥을 갈기고 때에 따라서는 부리로 쪼기도 한다. 흰물떼새는 포식자가 나타나면 새끼를 향한 포식자의 관심을 돌리기 위해 둥지에서 멀리 떨어진 곳에서 날개가 부러진 시늉을 한다. 그러면 포식자는 어미 새에게로 다가가고 어미 새는 날개가 부러진 시늉을 계속하면서 새끼로부터 점점 멀어진다. 둥지에서 꽤 멀어졌다 싶으면 어미 새는 푸드덕 날아가 버린다. 수십 년 된 높은 수목에서 무리를 지어 둥지를 트는 백로 종류는 포식자가 나타나면 지독한 냄새를 풍기는 배설물과 토사물을 아래로 떨어뜨린다. 그 냄새가 어찌나 지독한지 웬만한 동물들은 다 도망을 간다. 굴뚝새나 붉은머리오목눈이 같은 새들은 가짜 둥지를 만들어 뱀이나 족제비 등을 혼란스럽게 만든다.

육아에서의 역할 분담

새들은 암수가 함께 새끼를 키우기도 하지만 수컷 없이 암컷 혼자 새끼를 돌보기도 한다. 지느러미발도요나 호사도요의 경우에는 암컷은 알을 낳기만 할 뿐 알을 품고 새끼를 기르는 것은 수컷의 몫이다. 갈매기는 자식 양육에 있어서 암수가 정확하게 절반씩을 분담한다고 알려져 있다. 알을 품는 것만 해도 암수가 거의 완벽하게 12시간씩 교대로 알을 품는다고 한다. 댕기물떼새는 포란할 때 수컷이 보초를 서고 암컷이 알을 품는다. 수컷의 임무는 적이 다가올 때

암컷에게 경고하고, 적을 막는 것이다. 포식자가 가까이 다가오면 암컷도 알을 품던 것을 그만두고 공격에 가세한다.

발뚱가리는 수컷은 먹이를 잡으러 나가고 암컷은 둥지에 남아 새끼들을 돌본다. 암컷은 햇빛이 너무 뜨겁거나 비가 많이 내리면 날개를 펴서 그늘을 만들어 주거나 감싸 주고 수컷이 먹이를 잡아오면 먹이를 잘게 찢어 새끼에게 먹인다. 20일 정도가 지나서 어느 정도 새끼들이 자라면 암컷도 사냥에 나선다. 이러한 분업은 매우 엄격해서 이 기간에 암컷이 죽으면 대개의 경우 새끼들도 죽어 버린다.

부모 새들은 새끼에게 주로 영양가 풍부한 애벌레나 곤충을 먹이는데 노랑할미새는 하루살이, 등에, 파리, 거미 등의 먹이를 하루에 200회 이상 둥지로 나른다. 제비나 참새 등은 무려 하루에 600회씩이나 새끼에게 먹이를 물어다 준다고 한다. 3주 동안 1만 번에 가까이 부모로부터 먹이를 받아먹은 새끼는 둥지를 떠날 때쯤엔 몸무게가 15배나 증가해 있다. 붉은배새매는 새끼 먹이의 80퍼센트를 개구리가 차지한다. 새끼는 하루 30여 차례, 한 마리당 7~8마리의 개구리를 어미로부터 받아먹는다.

참새목에 속하는 많은 새들은 벌레를 부리로 물어 와서 직접 새끼 입에 밀어 넣는 방법으로 먹이를 준다. 물새들은 이보다 더 발달된 복잡한 기술을 가지고 있는데 먹이를 잡으면 일단 삼킨다. 먹이를 반쯤 소화시킨 후 죽처럼 된 것을 토해 내서 새끼에게 먹이는 것이다. 이렇게 하면 한 번에 많은 양의 먹이를 운반할 수 있을 뿐만 아니라 잡아 온 물고기를 소화액과 함께 토해 내기 때문에 새끼들이 보다쉽게 소화를 할 수 있게 도울 수 있다. 저어새나 백로 는 자신의 부리로 새끼의 부리를 엇갈리게 물고서 허루 먹이를 밀어 넣어 준다.

거친 세상 속으로

새끼 새가 어느 정도 자라서 둥지를 떠날 때가 가까워 오면 둥지 밖으로 머리를 내미는 횟수가 많아진다. 어미 새도 더 이상 먹이를 둥지 안으로 물고 들어가지 않고 둥지 근처에서 새끼를 유인한다. 새끼 새들은 일단 날갯짓을 할 수 있게 되어 둥지 밖으로 나오면 부모를 따라다니며 먹이를 구하는 법, 포식자를 구별하는 법, 소리를 내는 법 등 살아가는 데 있어서 중요한 모든 것들을 배우게 된다.

산새들은 부모 새가 먹는 열매나 씨앗 등을 따라 먹으면서 어떤 먹잇감이 좋은 것인지를 배우기도 하고 물총새나 백로 등 물고기를 잡아먹는 새들은 직접 물고기를 잡는 것을 새끼에게 보여 준다. 꾀꼬리처럼 노래를 지저귀는 새들은 이 시기가 노랫소리를 배우는 매우 중요한 시기여서 이 시기가 지나서는 노래를 잘 배울수 없다고 한다.

대개의 경우 새끼들은 태어난 그해에 부모의 곁을 떠나지만 가족 간의 유대 관계가 매우 긴밀한 두루미는 이듬해 봄까지 새끼가 부모와 함께 지낸다. 대부분의 새들은 태어난 해의 다음 해에 번식을 할 수 있는 성적으로 성숙한 새가 되지만 수리 종류처럼 큰 새들은 번식을 할 수 있기까지 몇 년씩 걸리기도 한다.

소쩍새는 밤에 주로 활동을 한다.
새끼 소쩍새가 먹이를 구하려 간 부모를 둥지 안에서 기다리고 있다.

쇠제비갈매기 둥지와 알

검은머리갈매기 둥지와 알

붉은발도요 둥지와 알

물닭 둥지와 알

큰덤불해오라기 둥지와 알

바다쇠오리 둥지와 알

흰물떼새 둥지와 알

개개비 둥지와 알

꼬마물떼새 둥지와 알

장다리물떼새의 둥지와 알 오른쪽

논, 수풀, 나무 위 등 새들이 둥지를 짓는 장소도 가지가지지만 알의 색깔이나 무늬도 가지가지이다.

갈대숲에 숨겨져 있는 뿔논병아리의 둥지
뿔논병아리의 둥지는 갈대 사이에 지푸라기를 엮어서 만든 것이기 때문에
물 위에 떠 있다. 뿔논병아리가 알을 품고 있다 막 나가면서 물풀 등으로
알을 덮어 놓았다. 이것은 알이 식지 않도록 보온의 역할을 할 뿐만 아니라
천적에게 발각되지 않도록 하는 위장막의 역할도 한다.

알을 품으려고 다가오는 흰목물떼새 위
흰목물떼새는 따로 둥지를 만들지 않고 땅을 매만져서 알자리로 사용한다.
강변의 자갈밭에 알을 낳은 흰목물떼새가 먹이를 먹으러 갔다가 알을 품으러 돌아오고 있다.

알을 품고 있는 쇠물닭 오른쪽
냇가에 있는 돌과 돌 사이에 쇠물닭이 둥지를 틀었다. 주위를 열심히 경계하며 알을 품고 있다.

교대로 알을 품는 붉은발도요

암컷과 수컷이 교대로 알을 품고 있다. 붉은발도요는 우리나라에 잠시 들러 휴식을 취했다가 번식을 위해 다른 곳으로 떠나는 나그네새로 기록되어 있었다. 2004년 봄, 영종도에서 국내 최초로 붉은발도요의 번식이 공식적으로 확인되었다. 이제는 '나그네새 및 여름 철새'로 기록되어야 할 것이다.

알 껍데기를 깨고 나오는 흰목물떼새

조그마한 구멍 사이로 새끼의 부리가 살짝 보이고 있다. 새끼의 부리 끝에는 난치가 있어서 이것으로 알 껍데기를 안에서 부수고 나온다. 새끼가 알을 깨고 나오자 어미 새가 알 껍데기를 멀리 갖다 버렸다. 알 껍데기의 안쪽이 하얀색이라 적의 눈에 잘 띄기 때문이다.

알에서 태어난 지 얼마 안 된 새끼 새들

새끼 바다쇠오리 위1, 새끼 쇠제비갈매기 위2,
새끼 검은머리갈매기 위3, 새끼 흰물떼새와 알 위4
새끼 호랑지빠귀 오른쪽

바다쇠오리, 쇠제비갈매기, 검은머리갈매기, 흰물떼새처럼 바닥에 둥지를 짓는 새들의 새끼는
알에서 깰 때부터 털이 나 있어 태어나 시 역만 안 뇌어서 걱어 다닉 수 있나
호랑지빠귀처럼 나무 위에 둥지를 짓는 새들의 새끼는 알에서 깬 때 털이 거의 없으며
걸을 수 있기까지 시간이 꽤 걸린다.

지붕 아래에 둥지를 튼 후투티

후투티가 땅강아지를 물어 와 새끼들에게 먹이고 있다.
후투티는 부리가 길고 굽어 있어서 두엄 깊숙이 숨어 있는 벌레를 잘도 찾는다.
황갈색의 머리깃이 선 것으로 보아 긴장을 하고 있는 것 같다.
머리깃을 세우고 있는 모습이 마치 인디언 추장 같다고 해서 추장 새라고도 불린다.

**먹이를 먹기 위해 부산 법석 치고 있는
새끼 왜가리들**

잠자코 있던 새끼들이 어미 새가 오자 한바탕 난리가 났다.
어미 새는 먹이를 물고 와서는 바로 주지 않고 잠시 가만히 있었다.
어미 새가 부리를 벌리자 새끼들이 서로 질세라 어미 새의 부리 사이를
물었고 이때 어미 새는 반쯤 소화된 상태의 물고기를 토해 내었다.

연못에서 한가로이 노니는
흰뺨검둥오리 가족

어미 흰뺨검둥오리와 새끼들이 연못에서 한가롭게 노닐고 있다. (왼쪽)
흰뺨검둥오리 새끼들은 둥지에서 나와 얼마 지나지 않아서 스스로 먹이를 구할 수 있다.
새끼는 휴식을 취하고 있고 어미 새는 주변을 경계하고 있다. (오른쪽)

도로 위의 흰물떼새 가족
어미 흰물떼새와 새끼 두 마리가 길을 건너 냇가로 이동하고 있다.
어미 새가 앞장서서 주변에 위험은 없는지 살피고 나면 새끼들이 그 뒤를 따른다.

새끼 검은댕기해오라기의 사냥 연습
미끼를 떨어뜨린 다음 미끼를 먹이로 착각하고 올라오는 작은 물고기를 재빠르게 잡고 있다.
미끼로는 작은 곤충, 모래, 지푸라기, 썩은 나뭇잎 등을 사용한다.

2부

일상다반사

쌀을 하얗게 씻어 질지도 되지도 않게 밥을 짓고,
벙거짓골, 너비아니, 염통산적 곁들이고,
알젓, 굴젓, 소라젓, 아감젓, 골고루 놓고,
수육, 편육, 어회, 육회에는 초장과 겨자 맞추어 놓고,
아치, 약포, 대하를 보풀 넣어 곁들이고,
숭어구이, 전복채를 갖추갖추 차려 놓고,

— 작자 미상, 『흥부전』

2부 1장

최고의 만찬

하늘을 날아다니는 것은 많은 에너지를 요구하는 일임에 틀림없다. 수천 미터의 고공을, 수천 킬로미터에 달하는 거리를 날아다니기 위해서는 분명 영양가 있고 열량이 높은 음식을 끊임없이 먹어 줘야 할 것이다. 사람도 잘 먹느냐 그렇지 못 하느냐에 따라 얼굴이나 체격이 달라지듯 새들도 몸의 크기나 깃털의 상태를 통해 얼마만큼 잘 먹었느냐를 판단할 수 있다. 새들의 몸 상태는 앞으로 배우자나 자식을 얼마나 잘 먹여 살릴 수 있느냐까지 판단할 수 있는 잣대가 되기 때문에 새들은 날아다니지 않을 때에는 대부분의 시간을 먹이를 찾아 먹는 데 쓴다. 잘 먹는 것이 잘 나는 것이오, 곧 잘 사는 것이다.

참새들의 식사 시간
참새들이 곡식을 담아 둔 그릇 주위에 모여 식사를 즐기고 있다.

빨간 열매를 문 직박구리
막 열매를 딴 직박구리가 부리에 물고 날아가려 하고 있다.

감나무 위의 까치 한 쌍
늦가을, 까치 한 쌍이 감나무 가지에 앉아 있다.

물고기를 낚아채는 중대백로
가만히 물속 물고기의 움직임을 주시하던 중대백로가 재빠르게 물고기를 낚아채고 있다.

박새가 잡은 애벌레를 발로 붙든 다음 부리로 찢어먹고 있다.

새들의 화려한 식단

새들은 매우 다양한 식단을 즐기기로 유명하다. 씨앗, 곡물, 과일 같은 식물성 먹이를 즐기는 새가 있는가 하면 곤충, 물고기, 설치류와 같은 동물성 먹이를 즐기는 새도 있다. 그리고 극소수이지만 곰팡이나 이끼 종류를 먹는 새도 있다. 물론 까치, 까마귀, 두루미처럼 이것저것 안 가리고 아무거나 다 잘 먹는 잡식성 새도 있다.

식물성 먹이를 즐기는 새들은 다시 씨앗을 좋아하는 새와 곡물을 좋아하는 새, 열매를 좋아하는 새로 나뉘는데 씨앗을 좋아하는 새로는 밀화부리, 멧새, 넓적이새 등이 있으며 곡물을 좋아하는 새로는 우리가 흔히 보는 참새가 대표적이다. 열매를 좋아하는 새로는 까치나 직박구리 등이 있다. 감이나 배에 까치나 까마귀가 모이는 것을 보면 알 수 있듯이 새들은 열매 중에서도 빨간색이나 노란색을 띤 열매를 좋아한다. 반면에 보라색이나 초록색을 띤 열매는 그다지 좋아하지 않는다고 한다.

주로 씨앗이나 과일을 먹는 새들도 번식기가 되면 특히 열량이 높은 애벌레나 곤충 등을 먹기도 한다. 한해 동안 박새가 먹어 치우는 애벌레와 곤충을 합하면 무려 8만 5000마리나 된다고 한다. 뻐꾸기나 쏙독이처럼 벌이 나 있는 애벌레 종류만 9,000마리 이상 잡아먹는다고 하니 산과 들에 퍼져 있는 야생의 새들이 한해 동안 먹는 곤충과 애벌레를 다 합한다면 그 수는 엄청날 것이다.

바닷가에 가 보면 온갖 종류의 새들이 모여서 먹이를 먹고 있는 것을 볼 수 있다. 갯벌에서는 각종 도요와 물떼새 들이 갯지렁이, 게, 새우, 조개 등을 찾고 있고 홍머리오리나 청머리오리 등은 얕은 물에서 수초를 찾고 있다. 같은 오리 종류지만 검둥오리나 흰줄박이오리는 물속에 잠수하여 물고기나 조개류를 찾아 즐겨 먹는다. 백로류 중에서 키가 작은 검은댕기해오라기는 물가나 얕은 물에서 미꾸라지나 작은 물고기를 찾고 몸집이 큰 왜가리는 다른 백로 종류가 들어갈 수 없는 깊은 곳까지 들어가서 수서 곤충이나 개구리, 물고기 등을 찾는다.

포크냐, 젓가락이냐?

새들의 부리를 보면 그 새가 무슨 먹이를 주로 먹는지를 알 수 있다. 딱따구리의 부리는 조각용 칼과 같으며 해오라기는 창, 가마우지는 칼, 왜가리는 젓가락, 독수리는 갈고리, 마도요는 족집게 같다. 주로 곡식 낟알을 먹는 참새의 부리는 굵고 짧으며 반대로 재빠르게 움직이는 곤충을 잡아먹는 제비의 부리는 길고 가늘다. 길고 튼튼한 두루미의 부리는 물속에서 물고기를 잡아먹는 데 유리하고 넓적하고 평평한 오리의 부리는 물속이나 진흙 속에서 먹이를 찾는 데 매우 유용하다.

같은 도요새 종류라 하더라도 부리의 생김새는 종류마다 제각각이며 그것에 따라 먹이의 종류와 먹이를 찾

알락꼬리마도요가 얕은 물에서 조개를 집어 올리고 있다. 잡은 조개는 일단 깨뜨려 먹이는 부분과 먹지 안 되는 부분인 껍데기는 토해 낸다.

는 방법도 제각각이다. 매우 길고 아래로 휜 날카로운 부리를 가진 마도요는 다른 도요새들이 찾을 수 없는 갯벌 깊숙한 곳에 숨은 먹이를 찾아 먹는다. 반면에 짧고 굵은 부리를 가진 까마귀쇠도요는 돌이나 해초를 뒤집어서 그 밑에 숨어 있는 먹이를 잘 찾아 먹는다. 먹이를 먹을 때의 부리 방향이나 각도도 도요새 종류마다 다른데 붉은갯도요는 먹이를 먹을 때 민물도요처럼 수직으로 부리를 땅에 박지 않고 땅과 약간의 경사를 이룬다.

먹기 위해 태어났다!

새들이 먹이를 제대로 찾아 먹기 위해서는 부리만이 아니라 다른 기관들의 도움이 필요하다. 수백 미터의 상공을 날아다니며 살아 움직이는 작은 포유동물을 포착해야 하는 새매에게는 뛰어난 시각이 필수적이다. 그래서 새매의 시각은 인간의 시각보다 여덟 배는 더 예민하다고 한다. 딱따구리는 청각이 매우 예민해서 벌레들이 나무껍질을 갉아 먹는 소리까지도 들을 수 있다고 한다. 또 날아다니며 먹이를 찾고 날쌔게 습격을 해서 낚아채는 수리 종류와 올빼미, 부엉이 들은 한번 낚아챈 먹이는 절대로 놓치지 않는 강하게 움켜쥘 수 있는 발과 날카로운 발톱을 가지고 있다. 이 새들은 발로 먹이를 꽉 쥐고 갈고리 모양의 부리로 살점을 찢어 먹는다.

방울새처럼 씨앗을 즐겨 먹는 새들은 부리의 내부가 씨앗의 껍질을 벗기기에 알맞도록 되어 있다. 일단 씨앗을 입천장 쪽에 나 있는 구멍에 밀어 넣고 아래턱을 위로 눌러 껍질을 으깬다. 그 다음 혀를 사용하여 껍질을 벗겨

내면 껍질은 다시 뱉고 속 알맹이만을 삼킨다. 벌을 즐겨 삼아먹는 벌매의 눈과 부리 사이, 이마에 나 있는 비늘 모양이 있털은 변에 쓰이지 않도록 보호해 주는 역할을 한다.

피대한 기업개!

새들은 이빨이 없기 때문에 일단 먹이를 통째로 모래나 흙과 함께 삼킨 다음, 소화를 시키지 못하는 것들은 토해 낸다. 통째로 삼킨 먹이는 식도를 지나 모이주머니에 모아 둔다. 모이주머니는 먹이를 한때 저장하는 장소로 씨앗을 먹는 새들에게서 잘 발달이 되어 있다. 모이주머니에 먹이가 다 차면 먹이를 부드럽게 만든 다음 모래주머니로 보낸다. 모래주머니는 늘었다 줄었다 하는 운동을 하면서 먹이를 모래와 섞고 이리저리 굴려 잘게 부순다. 잘게 부서진 먹이는 전위 前胃, 식도 밑에 있는 위의 앞부분 로 옮겨지는데 전위에서는 효소가 분비되어 먹이를 소화시킨다. 이때 소화가 안 되는 부분들, 조개나 게의 껍데기, 깃털 같은 것들은 다시 토해 내게 된다.

몸속에다 음식물이나 찌꺼기 등을 담고 있으면 몸이 그만큼 무거워지기 때문에 하늘을 날아다니는 데 장애가 된다. 그렇기 때문에 새들의 창자는 다른 동물들에 비해 짧고 영양분을 흡수하는 속도도 매우 빨라 먹이를 먹은 후 얼마 지나지 않아 배설을 할 수 있다.

사냥의 기술

시속 200킬로미터 이상의 속력으로 쏜살같이 하강하여 정확하게 먹이를 낚아채 가는 매의 기술은 보는 사람들로 하여금 입을 찍 벌어지게 만든다. 비단 매뿐만이 아니라 곤충이나 물고기, 포유류, 새 등을 잡아먹고 사는 많은 새들이 자신들만의 독특한 사냥 기술을 가지고 야생의 세계에서 살아나가고 있다.

갈매기, 도요새, 백로 등은 물속에서 발을 흔들어 먹잇감을 놀라게 한 뒤 먹이가 움직이면 잡아먹는다. 중대백로의 사냥 솜씨는 훨씬 더 놀랍다. 중대백로는 조금 깊은 물에 들어가 발을 움직여 일단 물고기를 놀라게 한다. 그런 다음 양쪽 날개를 활짝 펴는데 놀란 물고기가 물에 드리워진 중대백로의 날개 그림자를 피난처로 알고 그 아래로 숨어들 때 재빨리 물고기를 잡아먹는다. 낚시꾼 검은댕기해오라기는 지푸라기나 나무조각, 모래 등을 물에 떨어뜨려 이것을 먹이인 줄로 착각하고 올라오는 물고기를 잡아먹는다. 때로는 지렁이나 애벌레 등 살아 있는 것을 미끼로 사용하기도 한다.

제비갈매기나 쇠제비갈매기는 해안가나 강, 논 위를 10여 미터 정도의 높이에서 날아다니며 먹잇감을 찾는다. 물고기를 발견하면 고속으로 물속까지 돌진하여 날쌔게 물고기를 낚아챈다. 물수리는 수면 위를 낮게 날아다니다 발톱으로 물고기를 낚아채기도 하고 직접 물속으로 잠수를 하기도 한다. 사냥은 6~10번에 1번꼴로 성공한다고 한다. 습격의 명수인 새매는 나무 사이로 요리조리 재빨리 움직이기 때문에 새들을 낚아채는 데 탁월하다. 주로 어린

새나 늙은 새, 병든 새가 사냥감이 되는데 봄에 한 쌍의 새매가 7,000~1만 2000제곱킬로미터 넓이의 땅에서 잡아먹은 새를 조사해 보았더니 그곳에 살고 있는 참새의 약 8.4퍼센트, 방울새의 2.6퍼센트, 박새의 5.7퍼센트를 차지했다고 한다. 참새의 경우에는 전체 참새 사망률의 50퍼센트가 새매로 인한 것이었다니 누군가의 뛰어난 사냥 기술이 누군가에게는 엄청나게 위협적인 것임을 새삼 느낄 수 있다.

꽃과 새의 상부상조

길이가 11.5센티미터 정도밖에 안 되는 작은 동박새는 동백꽃에서 나는 꿀을 매우 좋아한다. 먹이를 구하기 힘든 추운 시기에 피는 동백꽃은 동박새에게 영양가 높은 먹이를 제공하고 꿀을 얻어먹은 동박새는 꿀을 빠는 동안 눈 둘레에 꽃가루를 묻혀 다른 장소로 운반해 준다. 동박새의 뾰족하고 짧은 부리와 끝이 솔 모양인 혀는 동백꽃의 꿀샘 깊숙한 곳에 있는 꿀을 먹기에 알맞으며 초록색의 깃털은 동백잎 사이에 있을 때 눈에 잘 띄지 않도록 해 준다.

이처럼 많은 새들이 식물의 씨앗이나 열매, 꿀 등을 먹으면서 이 식물의 씨앗이나 꽃가루를 멀리 날라다 주는 역할을 하고 있다. 어치의 경우 상수리나무의 열매를 4킬로미터까지 옮겨다가 땅속에 저장해 두는데 어치가 자신이 저장해 놓은 것을 다시 찾아내지 못하면 이 다음에 이곳에서 상수리나무가 자라기도 한다. 음나무 씨앗처럼 너무 단단해서 그냥 땅에 떨어지면 싹이 트지 못하는 씨앗들도 있다. 이러한 씨앗들은 새들의 몸을 거쳐 배설이 된 상태가 오히려 더 싹을 잘 틔우기도 한다. 갈매기는 항구나 해안의 음식물 쓰레기 등을 먹어 치우는 청소부인 동시에 농작물에 피해를 주는 벌레나 메뚜기 등도 잡아먹는, 인간에게도 매우 이로운 존재이다.

특이한 먹을거리, 특이한 식습관

새들의 식습관은 화려한 식단만큼 다양하다. 개중에는 독특한 것도 많다. 예를 들어 수리는 땅 위에 둥지를 짓고 사는 새들의 알을 훔쳐 먹는다. 부리로 알을 콕 찍어 바로 깨기도 하고 좀 단단하다 싶으면 알을 공중에 집어 던지거나 돌에다 집어 던진다. 때때로 부리로 돌을 물어서 알을 두드려 깨기도 한다. 까마귀는 조개, 소라, 고둥처럼 껍데기가 단단한 먹을거리들을 공중에서 떨어뜨려 깨 먹는데 소라의 크기가 클수록 더 높이 올라가 떨어뜨린다.

어떤 새들은 먹이를 저장해 두었다가 나중에 찾아서 먹기도 한다. 쇠박새와 곤줄박이는 씨앗이나 열매를 나무 껍질 틈, 돌 틈, 땅속에 감추어 둔다. 잣까마귀는 이끼 밑에 잣을 3~10개씩 뭉쳐서 저장하는데 눈이 내려 잣을 저장해 둔 장소가 눈으로 덮인다 해도 잘 찾는다. 북아메리카에 살고 있는 어떤 잣까마귀 한 마리는 솔방울을 3만 3000개나 저장했다는 기록도 있다. 어치는 상수리나무 열매를 즐겨 먹는데 상수리나무 열매를 입에 가득 넣어 운반한 다음 낙엽을 치우고 땅속에 묻고는 다시 낙엽으로 그 위를 덮어 놓는다. 많을 때에는 하루에 300개, 한 계절에 4,000개까지 저장한다고 한다.

물총새가 바위에 앉아 물고기의 움직임을 주시하고 있다.
사냥감을 발견하면 잽싸게 잠수를 해서 물고기를 낚아챈다.

동백꽃 꿀을 탐하는 동박새^위와 직박구리^{오른쪽}
다른 먹이를 구하기 힘든 늦겨울에 피는 동백꽃은 새들에게 주요한 식량원이다.
동박새의 깃털이 흐려 색이며 동백나무 잎과 잘 구분이 되지 않는다.

꽃나무 위의 참새

새들은 식물에서 먹이가 되는 씨앗, 꿀, 열매 등을 얻고 식물의 씨앗이나 꽃가루를 운반해 번식에 도움을 준다.

먹잇감을 기다리고 있는 새끼 밀화부리와 곤줄박이

밀화부리나 곤줄박이처럼 식물의 종자나 열매를 즐겨 먹는 새들도 에너지를 많이 필요로 하는 번식기에는 애벌레나 곤충 같은 동물성 먹이를 섭취한다. 둥지를 이제 막 떠나 온 새끼 밀화부리가 어미 새가 애벌레를 물어다 주기를 기다리고 있다.
곤줄박이는 나뭇가지에 앉아 곤충의 움직임을 주시하고 있다.

벌레를 좋아하는 새들

때까치[위1], **검은딱새**[위2], **노랑할미새**[위3],
후투티[위4], **청호반새** 오른쪽

위1 사진의 때까치가 날아다니는 잠자리를 잡아서 나무 가시에 꽂아 놓았다. 나중에 먹기 위한 것도 있지만 자신의 영역임을 표시하거나 암컷에게 과시하기 위한 목적도 있다.
위4 사진에서는 후투티가 땅강아지를 물고 있다.

나무 열매를 좋아하는 새들

멧종다리 왼쪽, **찌르레기** 아래 1, **직박구리** 아래 2,
밀화부리 아래 3, **물까치** 아래 4

새들은 붉은색과 노란색을 띤 열매를 좋아하고
보라색이나 초록색을 띤 열매는 그다지 좋아하지 않는다.

곡식의 낟알을 먹는 북방검은머리쑥새 위 **와**
붉은머리오목눈이 오른쪽

북방검은머리쑥새는 갈대 줄기에서 씨앗을, 붉은머리오목눈이는 볏가리에서 낟알을 먹고 있다.

논에서 먹이를 찾는 흑꼬리도요 위 와 알락도요 오른쪽
흑꼬리도요들이 물을 댄 논에 부리를 박고 열심히 작은 수생 동물을 찾고 있다.
알락도요는 벌레 유충을 부리에 물고는 다른 곳으로 이동하고 있다.

물 빠진 갯벌의 마도요
마도요가 갯벌에서 열심히 먹잇감을 찾고 있다.
갯지렁이, 게, 새우, 조개 등 갯벌에는 먹잇감이 풍족하다.

잠수 중인 붉은부리갈매기 위1,4, 뿔논병아리 위2, 큰고니 위3, 고방오리 오른쪽

큰고니나 고방오리는 그리 깊지 않은 물에서 물풀을 따 먹는다.
붉은부리갈매기는 잽싸게 날아와서 물속 물고기를 낚아채며
뿔논병아리는 아예 물속으로 들어가 헤엄쳐 다니며 물고기를 찾는다.

사냥에 열중하고 있는 해오라기(왼쪽) **와**
검은댕기해오라기(아래)

물고기를 발견한 해오라기가 막 물속으로 뛰어들려 하고 있다.
검은댕기해오라기가 목을 쭉 빼고 몸을 낮춘 자세로 물속 물고기의
움직임을 주시하고 있다.

먹잇감을 물고 있는 왜가리 위 **와 해오라기** 오른쪽
왜가리는 물고기를 잡으면 보통 그 자리에서 삼키는데 어쩐 일인지 부리에 문 채

육식을 즐기는 까마귀 위 와 때까치 오른쪽

까마귀가 죽은 흰뺨검둥오리를 먹고 있다. 보통 빨리 썩는 부위부터 먼저 먹고
늦게 썩는 부위는 보관해 두었다가 나중에 먹기도 한다.
때까치가 들쥐를 사냥하였다. 부리가 맹금류의 부리처럼 뾰족하게 생겨서 육식을 하기에 적합하다.
외국에서는 푸줏간 새라고 할 정도로 살생을 많이 하는 것으로 알려져 있다.

약육강식의 흔적
이른 아침 덤불해오라기가 매의 밥이 되었다. 어지간히 큰 덤불해오라기를 머리와 깃털만 남기고 깨끗이 다 먹어 치웠다.

라이센더 : 허미아, 숲 속을 헤매느라 당신은 지쳤구려.
　　　　　솔직히 말해 길을 잃었어요.
　　　　　괜찮다면 허미아, 여기서 쉽시다.
　　　　　그리하여 즐거운 아침이 오는 것을 기다립시다.
허미아 : 　그렇게 하죠, 라이센더.
　　　　　당신은 잠자리를 찾으세요,
　　　　　나는 이 언덕을 베개 삼아 잘게요.

— 윌리엄 셰익스피어, 『한여름 밤의 꿈』

2부 2장

한숨을 돌리며

햇볕이 쨍쨍 내리쬐는 한낮, 분주하게 날던 새들도 날개를 접고 휴식을 취한다. 무성한 잎이 드리우는 그늘에서 망중한을 즐기는 새들의 모습을 보고 있자면 무더위에 지친 사람들의 마음에도 어느새 여유가 찾아든다. 새들은 번식기에 짝을 구하랴 새끼 기르랴 무척 바쁘다. 철새인 경우에는 더더구나 머나먼 거리를 이동해야 하므로 번식기를 전후로 바쁠 수밖에 없다. 끊임없이 날아다니는 데 드는 에너지를 충당하기 위해 시간이 날 때마다 먹이를 찾아 먹어야 함은 당연한 일이다. 이렇게 하루가 바쁜 새들도 짬을 내어 휴식을 취한다. 누구에게나 그렇듯이 휴식은 다음을 기약하기 위해 없어서는 안 될 소중한 삶의 일부인 것이다.

쇠백로의 휴식
쇠백로가 갈대숲을 뒤로 하고 휴식을 취하고 있다.

두루미 한 쌍의 단란한 한때
쉬는 내내 두 마리 중 한 마리는 주위를 둘러보며 경계를 게을리하지 않고 있다.

나뭇가지에서 숨을 돌리는 노랑턱멧새
노랑턱멧새가 햇볕이 비교적 덜 드는 나뭇가지 안쪽에 앉아 쉬고 있다.

저수지 물가의 넓적부리 한 쌍
목을 움츠린 자세로 넓적부리 한 쌍이 물가에서 쉬고 있다.

흰뺨검둥오리가 날갯짓으로 물방울을 튀기며 목욕을 하고 있다.

새들의 휴식

새들은 하루 중 얼마만큼을 휴식에 투자할까? 낮에 주로 활동하는 새들의 경우에는 날이 어두워지면 다른 일을 하지 않고 잠자리에 들기 때문에 하루 24시간 중 절반 정도는 온전한 휴식을 취한다고 볼 수 있다. 올빼미나 수리부엉이처럼 야행성인 새들은 낮에는 잎이 무성한 숲 속이나 바위 위에서 쉬다가 해가 지면 활동을 개시하여 다음 날 해가 뜰 때까지 부지런히 이곳저곳을 다닌다. 덤불해오라기나 붉은해오라기 같은 해오라기 종류들도 주로 밤에 활동하는 새들이다. 해가 막 서쪽 산 뒤로 넘어 갈 무렵, 노을 진 개울가에서 잠자리로 떠날 채비를 하느라 부산한 새들 속에 홀로 가만히 물속을 응시하며 먹잇감을 노리고 있는 해오라기를 만날 수 있다. 바닷가에서 생활하는 흑꼬리도요나 깝작도요, 물떼새 등은 낮에도 활동을 하고 밤에도 활동을 하기 때문에 잠자는 시각이 정확히 정해져 있지 않은 편이다. 밀물이냐 썰물이냐에 따라 먹이를 먹을 것이냐 휴식을 취할 것이냐가 정해지는데 물때가 바뀌다 보니 하루의 일과표도 그에 따라 달라지는 것 같다.

새들은 잠자는 때를 제외한 나머지 깨어 있는 동안에는 주로 먹이를 먹으며 시간을 보낸다. 번식기가 지난 새의 경우, 깨어 있는 시간의 80퍼센트를 먹이를 먹는 데 사용하고 나머지 20퍼센트를 깃털을 정돈하거나 목욕을 하는 등의 휴식에 사용한다고 한다. 그러나 낮의 기온이 많이 높아지는 날에는 시원한 나무그늘이나 바위틈에서 쉬는 등 휴식에 투자하는 시간이 좀 더 늘어난다고 한다.

어디에서 쉴까

주로 나무 위에서 생활하는 산새들은 휴식도 나무 위에서 한다. 직박구리나 멋쟁이새의 경우 물을 먹거나 목욕을 할 때에만 바닥에 앉고 그 외에는 거의 나무 위에서 내려오는 일이 없다고 한다. 조심성이 많은 꾀꼬리는 언제나 높은 나뭇가지의 무성한 잎 사이에 숨어 있기 때문에 그 모습을 보기가 쉽지 않다. 이에 비해 뻐꾸기는 나무 꼭대기나 전깃줄에서 가만히 앉아 쉬고 있는 모습을 흔히 볼 수 있다. 딱따구리처럼 나무에 구멍을 파서 잠자리로 이용하는 것은 새들 사회에서는 드문 일이다. 대부분의 새들이 번식기에만 둥지를 이용하는 데 반해 딱따구리는 번식기가 아닌 때에도 잠자리용 둥지를 만들어 그곳에서 휴식을 취한다.

오리류는 대부분의 생활을 물 위에서 하고 잠도 물 위에서 자며 고니나 두루미, 기러기류는 넓고 수심이 얕은 물에서 무리를 지어 잠을 잔다. 물속에서 잠을 자는 이유는 육지 포식자가 접근하기가 어려울뿐더러 첨벙거리는 소리로 포식자가 다가오는 소리를 빨리 알아차릴 수 있어서이다. 야행성인 새들은 낮에도 비교적 어두운 편인 깊은 숲 속에서 쉬거나 잠을 잔다. 낮에 주로 활동하는 포식자들에게 습격을 받지 않기 위해 숨어 있거나 철저히 자신을 위장하는데 쏙독새의 경우 꺽어진 나뭇가지로 위장을 하는 기술이 너무나 그럴듯해서 포식자가 못 보고 지나쳐 버릴 정도이다. 번식기 이외에는 내려앉는 일이 없을 정도로 일생의 대부분을 하늘에서 보내는 칼새는 잠도 하늘에서 잔다.

본격적으로 쉬기

일반적으로 새들은 배를 땅바닥이나 나무에 의지한 채 머리를 날갯죽지에 묻고 잔다. 두루미류는 한쪽 다리로 서서 쉬는데 머리를 뒤로 돌리고 부리를 등의 깃털 속에 묻는다. 날갯죽지에 머리를 묻거나 한 다리로 서는 것은 밖으로 노출되는 부분을 최소화하기 위해서이다. 한 다리로 서서 자는 새들은 오른쪽 다리로 딛고 서 있을 때에는 머리를 왼쪽 어깨 쪽으로 돌리고 왼쪽 다리로 딛고 서 있을 때에는 오른쪽 어깨 쪽으로 돌려 오랜 시간 동안 흔들림 없이 균형을 유지한다.

나무에서 자는 새들은 어떻게 잠을 자는 동안 아래로 떨어지지 않을까? 이 새들의 다리나 발톱은 마치 자물쇠가 걸리는 것 같은 구조로 되어 있어서 나뭇가지에 한번 걸리면 웬만해서는 잘 벗겨지지 않는다. 발가락과 무릎, 발가락과 발목 관절을 연결하는 힘줄과 다리 전체에 뻗어 있는 힘줄의 작용으로 가지에 앉을 때 자동적으로 발가락이 안쪽으로 당겨져 나뭇가지에 단단히 걸리는 것이다. 맹금류의 갈고리처럼 생긴 발톱도 이와 같은 구조로 되어 있어서 쏜살같이 날아와 먹잇감을 낚아챌 때 충돌하는 힘에 의해 발톱이 먹잇감에 깊숙이 파고든다.

염주비둘기가 쨍쨍 내리쬐는 햇볕을 피해 꽃이 드리운 그늘에서 쉬고 있다.

새들의 스트레칭

새들도 잠을 자고 일어난 후나 나뭇가지에 오랜 시간 앉아 있은 후에는 기지개를 켜거나 하품을 한다. 잠을 자는 동안에 근육이 굳어 있을 수 있고 깃털이 제자리에 놓여 있지 않을 수도 있기 때문에 날아가기 전에 반드시 근육을 풀어 주고 깃털을 정돈하는 것이다. 사람들도 자고 일어나면 팔다리를 쭉 뻗고, 달리기와 같은 운동을 하기 전에는 몸을 풀어 주는 준비 운동을 하는 것처럼 새들도 잠을 잔 후나 날기 전에는 날개를 위로 쭉 뻗거나 날개와 다리를 같은 방향으로 뻗는 스트레칭을 한다. 부리 스트레칭은 사람이 하는 하품과 비슷해 보이는데 실제로 사람이 하품을 할 때에 폐에 공기가 채워지는 것처럼 새들도 폐에 공기가 채워지는지는 알 수 없다. 참새나 매는 세 개의 발가락 중 가운데 발가락에 힘을 쏟는 발가락 스트레칭을 보이며 오리와 같은 물새들은 날개로 여러 번 물을 치며 수직으로 날개를 올리는 날개 퍼덕거림 wing-flapping 을 보인다.

깃털 다듬기

새에게 있어서 깃털은 매우 중요한 기관이다. 하늘을 나는데 있어 없어서는 안 될 뿐만 아니라 방수나 보온을 위해서도 필수적이다. 그래서 새들은 휴식을 취하는 동안 거의 한 시간에 한 번꼴로 깃털을 다듬을 만큼 깃털 다듬기 preening 에 시간과 정성을 투자한다.

깃털에 영양을 공급해 줄 물질이 깃털 내부에서는 분비되지 않기 때문에 깃털을 좋은 상태로 유지하기 위해서는 이러한 물질들을 외부에서 꾸준히 발라 주어야만 한

나. 대부분의 새들이 깃털을 다듬는 데 필요한 물질들이 분비되는 피부샘인 미지선 尾脂腺 을 꼬리 쪽에 가지고 있다. 이 샘에서 분비되는 밀랍wax이나 지방산, 지방 등을 부리에 묻혀 온몸 구석구석 깃털마다 발라 주는 것이다. 이 샘에서 분비되는 물질 중에는 새들에게 치명적일 수 있는 박테리아, 곰팡이, 기생충 등을 제거해 주는 물질도 있다. 후투티는 이 피부샘에서 악취가 나는 물질을 분비하여 포식자를 쫓아내기도 한다.

부리로 손질할 수 없는 부위인 머리나 목은 발로 긁어 준다. 머리의 경우 날개 아래로 머리를 쭉 뺀은 다음 직접 발로 긁기도 한다. 백로나 왜가리는 가운데 발가락에 작은 빗 같은 것이 있어 몸을 긁거나 깃털을 손질하는 데 사용한다. 물에서 생활하는 새들의 경우 특히나 깃털을 다듬는 일은 중요한데 가마우지는 다른 새들에 비해 훨씬 깃털이 물에 잘 젖는 편이라 잠수를 한 후에는 항상 햇볕을 향해 날개를 쫙 펴고 물에 젖은 깃털을 말린다.

목욕! 목욕! 목욕!

몸을 깨끗하게 하기 위해 새들도 목욕을 한다. 대개는 얕게 고여 있는 물에 들어가서 날개와 꽁지를 퍼덕거리거나 몸을 흔들어 물을 묻힌 다음 떨어낸다. 목욕을 하는 데에는 보통 3~4분 정도가 걸린다. 멧비둘기는 빗물로 목욕을 한

바다직박구리가 뜨겁게 달궈진 모래 위에
날개를 펴고 엎드린 채 모래 목욕을 하고 있다.

다고 한다. 비가 내리면 몸을 옆으로 한 후 한쪽 날개를 수직으로 펴서 빗물이 겨드랑이까지 닿게 한다. 물총새는 아예 물속으로 뛰어든다. 물총새는 물가에 있는 언덕이나 흙벽에 구멍을 파서 둥지를 만드는데 새끼들의 배설물이나 먹다 남아 썩어 버린 물고기 찌꺼기 등을 내다 버리지 않기 때문에 항상 둥지가 더럽다고 한다. 그래서 그런지 다른 새들에 비해 물총새의 목욕이 더 유난스러워 보인다.

꿩이나 메추라기, 종다리는 물이 아닌 모래로 목욕을 한다. 모래밭에 뛰어든 후 옆으로 누워 깃털을 모래 위에 비비거나 발로 모래를 파서 깃털 안까지 모래가 들어가게끔 한다. 이외에도 개미 목욕이라는 것이 있는데 개미집 위에 깃털을 세우고 엎드려 있으면 개미들이 몸으로 기어올라와 기생충을 없애 준다. 때로는 직접 개미를 물어다가 깃털이나 몸에 문지르기도 한다. 물이 귀한 섬에서는 아침에 나뭇잎에 고인 이슬로 새들이 목욕을 하기도 한다.

쉬어 가기

먼 거리를 이동하는 철새들은 이동하는 중간중간에 휴식을 취한다. 수천 킬로미터를 날아 종착지까지 무사히 도착하기 위해서는 충분한 휴식을 통한 체력 보충이 필수적이다. 물새들은 물 위에서 떠다니며 잠을 자거나 쉴 수 있기 때문에 밤낮없이 이동을 할 수 있지만 대부분의 작은 새들은 낮에는 숲 속이나 물가에서 휴식을 취하고 밤에 이동을 한다.

우리나라 서해안의 갯벌은 도요와 물떼새들에게 매우 중요한 중간 기착지이자 쉼터이다. 전 세계에 분포하고 있는 붉은어깨도요와 큰뒷부리도요의 절반 이상은 이

옥수수 속대를 가지고 노는 두루미.

동하는 도중에 망경강이나 동신강 하구의 갯벌에서 쉬어 간다. 국제적인 희귀새인 넓적부리도요도 1990년대 후반 이곳에서 100여 마리나 관찰이 되었다. 도요와 물떼새들은 가을에는 시베리아에서 호주, 인도네시아 등지로 가는 도중에, 봄에는 거꾸로 시베리아나 알래스카로 돌아오는 도중에 우리나라에 들러 지친 몸을 쉬어 가는 것이다.

놀이

사람들은 놀이를 함으로써 바쁜 일과를 보내는 동안 쌓인 스트레스를 날려 버린다. 나무 막대기를 가지고 개미집을 쑤시며 노는 침팬지나 눈이 오면 눈을 굴리며 노는 일본원숭이처럼 생물 중에서도 지능이 비교적 높은 동물들에서 가끔씩 놀이가 발견된다. 새들 중에도 휴식 시간에 놀이를 하는 새가 있다. 까마귀는 눈이 쌓인 경사면에서 미끄럼 타기를 하거나 작은 가지를 공중에서 떨어뜨린 다음 바닥에 닿기 전에 낚아채는 놀이를 한다. 새끼 까치들도 작은 나뭇가지를 물어다 부리와 발을 사용하여 가지고 논다. 두루미들은 옥수수 속대를 가지고 노는데 옥수수 속대를 공중에 던졌다가 발로 낚아채는 놀이를 꽤 오랫동안 반복한다.

재두루미 위1, 오른쪽 와 두루미 위2 몸 다듬기

재두루미가 꽁무니의 기름샘에서 나오는 분비물을 부리에 묻혀 깃털에 바르고 있다.
위 2 사진에서는 두루미가 부리와 날개로 물을 쳐서 목욕하는 것을 볼 수 있다.
두루미들은 보온성과 방수성을 유지하기 위해 깃털의 섬세한 부분까지도 공을 들여 다듬는다.

중대백로의 깃털 다듬기
중대백로가 높은 나뭇가지에 앉아서 가운데 발가락에 있는 작은 빗 같은 것으로 깃털을 손질한 후 깃털을 세워 부리로 살갗에 있는 벼룩이나 기생충을 잡아내고 있다. 기름샘이 없는 백로류는 피부와 깃털을 문질러서 만들어 낸 고운 가루를 사용하여 깃털을 다듬는다.

짝짓기 후 목욕을 하는 원앙 왼쪽
짝짓기를 마친 수컷 원앙이 요란하게 날갯짓을 하며 목욕을 하고 있다.
사진에는 없지만 암컷도 근처에서 함께 목욕을 하였다.

목욕 중인 까치 한 쌍 아래
냇가에서 까치 한 쌍이 물을 먹은 후 목욕을 하고 있다.
부리로 물을 쳐서 온몸에 물을 묻힌 다음
햇살이 닿는 높은 나뭇가지에 앉아 몸을 말린다.

꾀꼬리의 기지개
잠에서 깨어난 꾀꼬리가 꽁지를 쫙 펴고 있다.
잠을 자는 동안 깃털이 제자리에 놓여 있지 않을 수도
있으므로 날기 전에 항상 깃털을 쫙 펴서 정돈한다.

물에서 휴식을 취하는 원앙 암컷 위
오리 종류는 물 위를 떠다니며 먹이를 잡는 중간중간 휴식을 취하고 목욕도 한다.

알락도요의 한적한 오후 오른쪽
연꽃 잎 작은 둥덩이 위에서 알락도요가 쉬고 있다.

얕은 물에서 휴식을 취하는 해오라기
해 저물 무렵 해오라기 한 마리가 본격적인 행동을 개시하기 전에 잠깐의 휴식을 취하고 있다.

나무 기둥 위의 갈매기들
주로 바다에서 생활하는 갈매기들에게는
바다 위에 떠 있는 부표나, 바위 등이 매우 중요한
안식처이다. 검은머리갈매기와
붉은부리갈매기들이 부리를 등의 깃털 속에 묻고
휴식을 취하고 있다.

**저녁 무렵 저수지에 모여든
청둥오리들** 다음쪽
청둥오리 떼가 노을이 진 저수지 물 위에서
한가롭게 떠 있다.

3부

시련을 딛고

스파이커도는 적어도 세 걸음에 한 번씩은 고개를 들어 사방을 둘러보았다.
스파이커도는 뭔가 이상한 것이나 움직이는 것이 보이면 무엇인지 확인할 때까지
풀을 뜯지 않고 바라보거나, 모두 나무처럼 꼼짝하지 말라고 길게 음매 소리를 질렀다.
물론 다른 양들도 모두 그렇게 했지만, 스파이커도만큼 잘 해내는 양은 없었다.
―어니스트 톰슨 시튼, 『쫓기는 동물들의 생애』

3부 1장

함께 살아가기

한바탕 휘몰아치던 눈보라가 그친 고원 위에 온갖 동물들이 다 모였다. 두루미, 솔개, 까마귀, 거기다 사슴까지. 어디서 소문을 듣고 찾아왔는지 하나 둘 모이기 시작하더니 어느새 무리가 형성되었다. 다들 서로에게 무관심한 척하지만 한순간도 긴장을 늦추지 않는다. 그렇다고 섣불리 싸움을 걸지도 않는다. 지구상에는 수많은 동물들이 더불어 살아가고 있다. 때로는 먹이를 놓고, 때로는 배우자를 놓고 싸우기도 하지만 또 한편으로는 포식자라는 거대한 적에 대항하여 함께 뭉치기도 한다. 포식자와 피식자, 경쟁자로 얽힌 거대한 생명의 사슬 속에서 동물들은 각자 자신이 맡은 역할을 충실히 하며 살아가고 있는 것이다.

설원 위에 모인 동물들
두루미, 솔개, 까마귀, 큰부리까마귀, 사슴이 눈이 그친 설원 위에 모였다.

여우와 까마귀
여우가 다가오자 까마귀가 꼬리와 날개를 세워 여우에게 위협하는 자세를 취하고 있다.

강남 갈 채비를 하고 있는 제비들
번식기에 서로 흩어졌던 제비들이 이동할 때가 되자 다시 모여 무리를 짓고 있다.

서로에게 무심한 흰빰검둥오리와 쇠물닭
이 두 새는 물고기나 개구리 등 먹는 게 비슷하지만 평상시에는 서로에게 크게 관심을 보이지 않는다.

물 댄 논에서 흑꼬리도요 무리가 먹이를 먹고 있다. 서로가 일정 거리 이상 떨어져서 먹이를 찾음으로써 먹이를 갖고 싸우는 일도 없으며 한 마리에게 돌아가는 먹이의 수도 많아진다.

따로 또 같이

철새들을 관찰하러 강의 하구나 갯벌에 가 보면 수십 마리에서 수백 마리의 도요와 오리 들이 떼를 지어 먹이를 먹고 있는 광경을 볼 수 있다. 동네 뒷산이나 근처 공원에만 나가 봐도 수십 마리의 참새들이 재잘대며 나무 덤불 속에서 왔다 갔다 하는 것을 볼 수 있다. 얼마 전에는 어느 날 갑자기 까마귀 수백 마리가 떼를 지어 동네에 나타나 주민들을 근심에 잠기게 했다는 이야기를 한 텔레비전 프로그램에서 전해 주었다.

무리를 짓고 있는 새들을 주위에서 흔히 볼 수 있다. 그러나 모든 새들이 무리를 지어 사는 것은 아니다. 바다직박구리, 말똥가리, 산솔새, 굴뚝새 등은 암수가 함께 생활하거나 혼자서 생활한다. 제비와 같은 작은 철새들은 무리를 지어 이동을 해 와서는 번식지에 도착하면 뿔뿔이 흩어진다. 암수가 짝을 지어 알을 낳고 새끼를 기른 다음 이동할 때가 되면 다시 뭉쳐 거대한 무리를 이룬다. 오목눈이, 곤줄박이, 진박새와 같은 박새류는 번식기에 암수끼리 짝을 이뤄 생활하다가 번식기가 끝나면 다른 박새류와 함께 섞여 숲 속 여기저기를 돌아다닌다.

반대로 번식기에도 무리를 지어 번식을 하는 새들이 있다. 왜가리나 백로 등은 둥지 사이의 거리가 매우 가까워서 이웃집 새끼가 무얼 먹는지 알 수 있을 정도이다. 괭이갈매기도 무리를 지어 번식을 하는데 둥지와 둥지 사이의 간격이 0.4~2.9미터밖에 되지 않는다.

누가 누가 모였나

새들의 무리는 고니나 오리같이 몇몇 가족으로 구성된 것일 수도 있고 가족을 떠난 개체들로 구성된 것일 수도 있다. 두루미들은 여러 가족들이 모여 얕은 물에서 함께 잠을 잔다. 해가 아직 뜨지 않은 새벽 어스름 속에서 잠을 깨면 가족끼리 얼굴을 마주 보고 기지개를 켜며 가볍게 춤을 춘다. 그리고 목청을 돋우어 소리를 내는데 이때 무리 내의 다른 두루미 가족들도 소리를 내어 답을 한다. 그런 후에 해가 뜨면 먹이를 먹으러 가족 단위로 날아간다. 까치들은 부모의 품을 떠나 독립을 하게 되면 무리에 합류한다. 아직 짝을 구하지 못하고 자신의 영역도 가지지 못한 비교적 어린 까치들로 이루어진 이 무리는 함께 먹이를 먹으러 다니고 함께 잠을 자기도 한다.

박새류는 겨울이 되면 서로 다른 종들이 섞여 무리를 지어 다닌다. 이러한 무리를 혼군(混群)이라고 하는데 주로 먹을거리를 구하기 힘든 겨울철이 되면 같은 먹이를 먹는 종들끼리 모여 혼군을 이루기도 한다. 흰뺨검둥오리나 청둥오리 같은 오리류도 겨울철에는 함께 무리를 지어 강의 하구나 바다 위에서 먹이를 구한다.

너와 나 사이의 거리

새들이 무리를 지어 있는 경우에도 서로 항상 일정한 거리를 두는 편이다. 전깃줄에 앉아 있는 제비들을 자세히 보면 이웃해 있는 개체 사이의 간격이 규칙적인 것을 볼 수 있다. 무리를 지어 먹이를 먹고 있는 참새나 도요도 서로 일정한 거리만큼 떨어져 있다. 이러한 거리 두기는 불필요하게 일어날 수 있는 싸움을 미연에 방지하고 더 효율적으로 먹이를 구할 수 있게 한다.

같은 먹이를 먹기 때문에 동일한 지역에서 자주 마주치는 다른 종의 새들의 경우에도 번식기에는 매우 예민해져서 서로 가까이 다가가지 않는다. 흰뺨검둥오리와 쇠물닭은 물고기와 개구리 등을 먹이로 한다. 번식기가 아닌 때에는 그다지 서로에게 크게 신경을 쓰지 않는 편이지만 번식기에는 웬만해서는 서로 가까이하지 않는다. 둘 중 하나가 다른 새의 둥지 근처를 지나게 되면 둥지에 있던 새가 경계의 소리를 내기 시작하고 그러면 그 자리를 피해서 멀리 돌아간다. 일정한 거리를 두고 그 경계가 되는 지점을 침범했을 경우에는 경고를 함으로써 크게 싸우는 일은 없다.

그러나 오목눈이처럼 휴식을 취하거나 밤에 잠을 잘 때에는 바짝 붙어 기대어 있다거나 서로의 깃털을 다듬어 주는 새들도 있다. 특히나 날씨가 추워지면 서로서로 붙어 있음으로 해서 체온을 따뜻하게 유지할 수 있기 때문에 참새나 까치 같은 새들은 겨울철에 쪼르르 붙어서 잠을 잔다.

늦은 오후, 까치들이 잠자리로 가기 위해 하나둘씩 모이고 있다. 번식기에는 짝끼리 영역 내에서 잠을 자지만 번식기 이후에는 떼를 지어 함께 잠을 잔다.

뭉치면 살고 흩어지면 죽는다

하나보다는 둘이 낫고 둘보다는 셋이 낫고 셋보다는 넷이 낫다. 적에 대항해서 싸워야 할 때 말이다. 눈이 많고 귀가 많을수록 다가오는 적을 감지할 수 있는 확률 또한 높아진다. 가마우지들은 절벽에다 무리를 지어 둥지를 틀고 거의 동시에 알을 낳고 새끼를 기른다. 워낙에 많은 수의 알과 새끼가 있기 때문에 갈매기와 같은 포식자가 나타나서 알이나 새끼를 잡아먹는다고 하더라도 일부만이 번식에 실패하고 나머지 대부분은 번식에 성공할 수 있다. 물론 홀로 둥지를 틀어 새끼를 키우는 것보다 포식자에게 들킬 확률은 훨씬 더 높을 것이다. 오히려 수십에서 수백 마리가 모여 둥지를 짓는 것은 포식자에게 잡을 테면 잡아 보라고 선포를 하는 것이나 다름없다. 운이 나빠 내 새끼가 갈매기의 밥이 될 수도 있지만 만약 갈매기가 다른 집의 새끼를 먹는다면 배가 불러서 내 새끼는 잡아먹지 않을 것이라는 희망을 가마우지들은 품고 있는 셈이다.

무리를 지어 먹이를 먹거나 휴식을 취하고 있을 때에는 항상 나이가 많고 경험이 풍부한 새가 목을 길게 빼고 포식자가 오나 안 오나를 살핀다. 두루미들은 먹이를 먹고 있을 때 근처에 포식자가 나타나면 보초를 서던 두루미 한두 마리가 무리에서 나와 포식자 가까이로 슬그머니 다가간다. 포식자가 자리를 비킬 때까지 위엄 있게 자신이 경계를 하고 있음을 내 보인다. 그러다 포식자가 사라지면 다시 자리로 돌아와 무리에 합류한다. 어떤 경우에는 선두에서 무리를 이끌고 더 안전한 장소로 이동해 가기도 한다.

철새들의 경우 다른 지역으로 이동할 때 대개 수십 마리가 一자나 V자 모양으로 대형을 만들어 날아간다. 함께 무리를 지어 이동을 하기 때문에 길을 잃어버릴 염려도 없고 대형의 뒤에 위치해 있는 새들은 바람의 저항을 덜 받아 에너지 소모도 줄일 수 있다. 앞자리는 바람의 저항을 많이 받을 뿐만 아니라 목적지까지 길을 잃지 않고 가도록 인도하는 역할도 해야 하기 때문에 주로 경험이 많고 튼튼한 새들이 자리한다. 워낙에 먼 거리를 가는 탓에 지치게 되면 도중에 다른 새들과 자리를 바꾸기도 한다.

적과의 동침

새들은 포식자나 다른 종들과 생존 경쟁을 벌일 뿐만 아니라 배우자, 먹이, 영역 등의 자원을 사이에 두고 같은 종끼리도 경쟁을 한다. 자원은 제한되어 있고 자원을 차지하지 못한다면 자신의 유전자를 후대에 남길 수도 없으며, 심지어는 당장에 굶어 죽을 수도 있으므로 자원을 차지하기 위해서 수단과 방법을 가리지 않는다.

번식기가 되면 특히 경쟁은 치열해진다. 둥지를 짓기 위해 일정한 터를 확보해야 하고 번식을 위해 짝을 지어야만 하기 때문이다. 봄이면 수꿩들이 떼로 모여 싸우는 광경을 종종 볼 수 있다. 수꿩들은 세력권을 넓히고 암컷을 차지하기 위하여 며느리발톱 _{수컷의 다리 뒤쪽에 있는 각질의 돌기물}을 세우고 싸운다. 싸움에 열중한 나머지 가까이에 사람이 다가오

번식기가 되면 암컷을 서로 차지하려고 경쟁하는 수컷들을 볼 수 있다. 큰고니 수컷들이 날개를 퍼덕거려 물을 치고 소리를 내 상대를 위협하고 있다. 때로는 서로의 목을 물고 늘어지기도 하지만 깊은 상처를 주지는 않는다.

는 것도 모를 정도이다. 큰고니는 다른 수컷이 자신의 암컷에게 접근하면 꽥꽥 소리를 지르며 날개를 퍼드덕거려 물을 치거나 그 수컷의 목과 날개를 부리로 물고 늘어진다. 그러나 상대 수컷에게 치명적일 만큼의 깊은 상처는 주지 않는다. 지느러미발도요처럼 수컷을 차지하기 위해 암컷들이 싸우는 새들도 있다.

새들의 영역은 그 안에서 둥지를 짓고 먹이도 먹는 비교적 넓은 터에서 둥지만을 짓는 매우 작은 터까지 다양하다. 어떤 종류의 영역이건 새들에게 매우 중요한 자원임은 틀림없다. 같은 종의 다른 새들이 영역에 침범해 오는 것을 막기 위해 평상시에도 높은 나뭇가지에 앉아 있다거나 소리를 내어 자신이 영역의 주인임을 주변에 알린다. 만일 누군가 침입해 들어온다면 곧장 침입자에게로 날아가서 공격을 가한다. 괭이갈매기처럼 바다에서 생활하는 새들에게는 휴식을 취할 수 있고 젖은 몸을 말릴 수 있는 작은 바위섬이 매우 중요한 자원이다. 특히 가마우지는 한번 잠수를 하고 나면 다른 물새들에 비해 깃털이 물에 많이 젖는 편이라 햇볕이 잘 내리쬐는 좋은 자리를 서로 차지하려고 시끌벅적하게 싸운다.

북북서로 진격하라

나를 잡아먹으려 하는 이만큼 위협적인 존재가 또 있을까. 포식자는 피식자에게 있어서 생이 다할 때까지 만나지 말았으면 하는 존재일 것이다. 그러나 그런 운 좋은 일은 실제 자연에서는 거의 일어나지 않는다. 포식자와 맞닥뜨리게 되어 도망갈 것이냐, 협공을 해서 내쫓을 것이냐를 결정해야만 하는 순간이 하루에도 몇 번씩 찾아온다.

높은 나무 위에 둥지를 트는 왜가리나 백로 종류는 포식자가 나타나면 나무 아래로 먹은 것을 토해 내거나 배설을 한다. 실제로 많은 새들이 사람이나 맹금류 등의 포식자에게 쫓길 때 배설을 하거나 무언가를 토한다. 이것은 놀람에 대한 신체적 반사 반응일 수도 있고 빨리 도망쳐 날아가기 위해 몸무게를 줄이려는 것일 수도 있다. 또한 역한 냄새로 상대방을 움찔 놀라게 만들거나, 더 나아가 멀리 도망가게 만들려는 생존 전략일 수도 있다. 알락해오라기나 덤불해오라기는 적이 나타나면 부리를 위로 향하고 목을 곧게 펴서 갈대 줄기인 양 위장을 한다.

포식자에게 떼로 덤비는 경우도 있다. 찌르레기나 붉은가슴도요 등은 매가 나타나면 즉시 집결하여 빽빽하게 무리를 이룬다. 거대한 무리로 하늘을 날아다니면서 매가 내리 덮치지 못하게 만들거나 심지어는 매의 뒤를 따라 날면서 매를 에워싸고 공격하기도 한다. 제아무리 사냥의 명수인 매라 할지라도 한 마리의 거대한 새나 다름없이 행동하는 찌르레기 떼를 상대로는 먹이 사냥이 쉽지 않다.

살얼음이 낀 호수에 큰고니들이 모여 쉬고 있다. 새끼와 부모로 구성된 가족 단위의 무리이다.

무리지어 경계하고 있는 쇠기러기 위 와 중대백로 오른쪽

쇠기러기는 빈 논에서 벼의 낟알을 주워 먹다가, 중대백로는 얕은 물에서 휴식을 취하고 있다가
고개를 쭉 빼고 일제히 경계 행동을 하고 있다. 중대백로 무리 가운데 왜가리 한 마리가 끼어 있다.

보초를 서고 있는 큰고니
빙판 위에서 휴식을 취하고 있는 큰고니 무리 속에서 한 마리가
고개를 쭉 빼고 주위를 살피고 있다.
대개 무리 중에서 나이가 많거나 경험이 많은 새가 보초의 역할을 맡는다.
때가 탄 것처럼 털 색깔이 가맣게 보이는 것들은 새끼들이다.

휴식을 취하고 있는 참새^{왼쪽} **와 왜가리**^위
참새와 왜가리가 볏을 시어 마른 풀과 울타리에 앉아 휴식을 취하고 있다.
함께 모여 있기는 하지만 서로 따닥따닥 붙어 있는 것이 아니라
일정한 거리를 두고 떨어져 있다.

모여서 잠을 자고 있는 두루미들

두루미들은 얕은 물에 모여서 잠을 잔다. 온천이 흐르는 냇가에서 잠을 자던 두루미들이 하나둘씩 깨어나고 있다. 일어나서는 제일 먼저 가족끼리 얼굴을 마주 하고 인사를 나누고 이웃한 가족과도 인사를 나눈 후 먹이를 먹으러 날아간다.

호수에 모인 오리들
고방오리, 흰죽지, 댕기흰죽지, 청둥오리, 홍머리오리, 붉은부리갈매기가 한데 모여 있다.
먹이가 부족한 겨울이지만 사람들이 자주 드나드는 호수에는 비교적 먹이가 풍족한 편이라
수많은 오리들이 호수로 모인다. 서로에게 크게 신경을 쓰지 않는다.

소를 사이에 두고 있는 황로와 중대백로 위

봄철 소들이 털갈이를 할 때 새들은 소 근처에서 얼씬거리다가 빠진 쇠털을 물고가
둥지 안 알자리로 쓴다. 황로와 중대백로가 소 근처에서 서로를 바라보고 있다.

여우와 두루미 오른쪽

무리 근처에 여우가 나타나자 두루미 두 마리가 나와 경계를 하고 있다.
두루미들은 긴장은 하되 서두름 없이 여유 있는 걸음으로 여우에게 접근하고 있다.
여우가 아무런 해를 끼치지 않고 그냥 지나쳐 가자 두루미들도 제자리로 돌아갔다.

새들의 경계 행동

까마귀 위1, 검은딱새 위2, 검은댕기해오라기 위3, 꿩 위4,
흰뺨검둥오리 오른쪽

까마귀와 검은딱새는 영역 안에 있는 높은 나뭇가지에 앉아서,
검은댕기해오라기와 꿩, 흰뺨검둥오리는 풀숲에서 고개를 쭉 빼고 주위를 살피고 있다.

자기 영역을 굽어보고 있는 검은딱새^{아래} **와 잣까마귀** ^{오른쪽}

번식기에는 하루 중 많은 시간을 자기 영역 내에 있는 높은 나뭇가지에 앉아 전체 영역을 내려다보며
침입자가 있는지를 감시하는 데 보낸다.
오른쪽 사진에서는 설악산 대청봉으로 통하는 돌 많은 비탈길에서 잣까마귀 한 마리가
고사목 꼭대기에 앉아 영역을 내려다보고 있다. 잣까마귀는 높은 산에서 주로 생활하고
무리를 짓지 않기 때문에 매우 보기 힘든 새이다.

긴장감 감도는 노랑부리백로
노랑부리백로가 근처를 지나는 중대백로를 발견하고는 긴장하고 있다. 노랑부리백로와 중대백로는 먹는 것이 비슷하기 때문에 서로 예민 두고 신경전을 벌이기도 한다.

서로를 위협하고 있는 중대백로와 노랑부리백로 ^{왼쪽}
서로의 거리가 가까워지자 중대백로와 노랑부리백로가 날개를 활짝 펴 서로를 위협하고 있다.
노랑부리백로는 백로류 중에서 가장 작은 종이다.

노랑부리백로를 위에서 공격하는 검은머리갈매기 ^위
둥지 근처에 노랑부리백로가 나타나자 검은머리갈매기가 경계 비행에 나섰다.
노랑부리백로의 머리 바로 위까지 날아왔다가 돌아가기를 몇 번씩이나 반복하고 있다.
노랑부리백로가 때때로 검은머리갈매기의 알을 깨뜨리는 일이 있기 때문에 검은머리갈매기는
노랑부리백로의 출현에 대단히 민감하게 반응한다. 검은머리갈매기는 보통 부리가 까만데
이 녀석은 부리가 빨갛다.

물새들의 싸움

가마우지 위 **와 괭이갈매기** 오른쪽

물에서 주로 생활하는 새들에게는 털을 말리고 휴식을 취할 수 있는 공간이 비교적 제한되어 있다. 그래서 물 중간에 솟아 있는 작은 바위나 부표는 매우 반갑고 고마운 존재이다. 물새들은 이러한 작은 공간을 서로 차지하려고 매우 치열하게 싸우고는 한다.

왜가리를 뒤쫓고 있는 검은머리갈매기들 [위]
검은머리갈매기의 번식지 상공에 왜가리가 침입하자 검은머리갈매기 두 마리가 내쫓고 있다.
처음에는 검은머리갈매기 한두 마리가 와서 공격을 하다 침입자가 달아나지 않으면
떼로 와서 덤빈다.

재갈매기의 자리다툼 [오른쪽]
다툼에서는 경험이 많은 동물이 유리하다. 물속에 있는 조그마한 바위에
새끼 재갈매기가 앉으려 하자 나이 든 재갈매기가 쫓아내고 있다.

흰꼬리수리가 나타나자 긴장하는 두루미들

새끼 흰꼬리수리가 두루미들이 먹다 남긴 물고기 토막을 주워 먹으려고 다가오고 있다. 부리에 물고기를 문 두루미가 특히 긴장을 해서 셋째 날개깃이 많이 부풀어 있다.

두루미 왼쪽와 꿩 위의 위협 행동

새끼 큰고니가 부실해 두루미 근처에 있다가 두루미의 공격에 쫓기니고 있다.
두루미는 새끼 큰고니를 부리로 쪼고 발로 차며 몇 미터를 뒤쫓아 갔다.
흰뺨검둥오리 한 쌍이 꿩의 영역 근처를 지나자 꿩이 날개를 퍼드덕거리며 소리를 내
위협을 하고 있다. 흰뺨검둥오리들은 서둘러 자리를 피하고 있다.

쫓고 쫓기는 까마귀와 흰뺨검둥오리 위

까마귀가 흰뺨검둥오리를 맹렬하게 뒤쫓고 있다. 한참을 내빼다 지친 흰뺨검둥오리가 눈 위로
고개를 박고 쓰러지자 까마귀는 그제야 다른 곳으로 날아가 버렸다. 흰뺨검둥오리는 조금 있다
정신을 차리고 다시 날아올라 무리에 합류했다.

격추명의 신호에 따라 천천히 이동하고 있는 두루미들
보초를 서던 두루미가 소리를 내어 신호를 보내자 흩어져 있던 두루미들이 하나둘씩 모여 일렬로 이동하고 있다.

낯선 정적이 감돌았다. 새들은 도대체 어디로 가 버린 것일까?
새들이 모이를 쪼아 먹던 뒷마당은 버림받은 듯 쓸쓸했다.
죽은 듯 고요한 봄이 찾아온 것이다.
들판과 숲과 습지에 오직 침묵만이 감돌았다.

— 레이첼 카슨, 『침묵의 봄』

3부 2장

시련 너머 희망

인간이 나타나기 훨씬 전부터 새들은 지구상에 살고 있었다. 높디높은 히말라야에서부터 적도의 열대 우림과 사막, 거친 파도가 이는 바다, 살을 에는 극지방까지, 남극 대륙의 중심부를 제외한 어디에서든 새를 볼 수 있다. 새들은 한겨울의 매서운 추위와 배고픔, 인간에 의한 자연 파괴 속에서도 꿋꿋이 하늘의 지배자로 군림하고 있다. 노랫소리로 우리의 귀를, 구애의 춤으로 우리의 눈을 즐겁게 하며, 시원한 비상으로 우리에게 꿈을 품게 한다. 이러한 아름다운 광경을 보전해 후세들에게 전하려는 많은 사람들과 갖은 고난에도 굴하지 않고 살아 나가려 애쓰는 새들이 있기에 시련 너머에 희망이 보인다.

눈보라를 피해 이동하는 까마귀들
눈보라가 몰아치자 까마귀들이 낮은 지대로 이동하고 있다.

눈보라 치는 설원의 큰고니들
큰고니들이 체온을 유지하기 위해 몸을 낮추고 부리를 날갯죽지에 묻고 있다.

게를 문 마도요
마도요가 방금 잡은 게를 물고 갯벌 위를 유유히 걸어가고 있다.

갯벌에서 휴식을 취하는 노랑발도요
노랑발도요들이 남쪽으로 이동하는 도중 우리나라에 들러 휴식을 취하고 있다.

북방검은머리쑥새가 눈이 내려앉은 갈대 줄기에 앉아
열심히 씨앗을 찾아 먹고 있다.

매서운 추위와 배고픔

눈보라가 휘몰아치는 한겨울을 무사히 나는 것은 새를 포함한 동물들에게 매우 어려운 일이다. 어리거나 쇠약한 동물 중 많은 수가 추운 겨울을 이기지 못하고 싸늘한 주검이 된다.

날씨가 추워지면 새들이 마치 솜뭉치처럼 깃털을 부풀리고 앉아 있는 것을 볼 수 있다. 깃털을 부풀리는 것은 깃털 사이사이에 공기를 담아 열이 밖으로 빠져 나가는 것을 막아 준다. 또한 부리나 다리처럼 털이 없는 부위를 최대한 숨겨 열 손실을 막는다. 겨울철에 깃털 색이 어두워지는 것도 에너지가 풍부한 짧은 파장의 태양 광선을 흡수하게 하여 체온을 높이는 데 한몫 한다. 바람은 열 손실을 부채질하기 때문에 강한 바람이 부는 날에는 바위 뒤나 굴 속, 겨울에도 잎이 무성한 상록수 숲에 숨어 바람을 피한다. 무리를 이루는 것도 추위를 이기는 한 방법이다. 기온이 영하로 떨어지는 밤에 새들이 서로서로 몸을 붙여 잠을 잠으로써 그나마 체온을 유지할 수 있다.

한겨울에는 먹이를 구하는 것도 매우 어렵다. 곤줄박이, 어치, 까마귀 등은 먹이를 미리 저장해 두었다가 부족한 때에 꺼내 먹기도 하지만 워낙에 겨울이 길고 먹이를 구하기 힘든 탓에 저장해 놓은 먹이도 바닥이 나기 일쑤다. 추수가 끝난 논에서 곡식 낟알을 주워 먹기도 하고 갈대의 씨앗을 먹기도 한다. 우리나라의 자연환경이 파괴되면서

우리나라에서 겨울을 나던 두루미 중 많은 수가 일본으로 옮겨 갔다. 두루미들은 가리는 것이 없이 다 잘 먹기 때문에 먹이가 부족한 겨울에 밭에 떼로 모여 밭 농작물을 다 먹어 치우는 일이 많았다. 밭에 피해가 가는 것을 막기 위해 일본에서는 주민들이나 자원 봉사자들이 정기적으로 두루미들에게 먹이를 주거나 아예 밭을 통째 빌려 두루미들이 어느때고 와서 먹을 수 있게 한다고 한다.

새들의 적, 인간

고속도로를 차로 달리다 보면 야생 동물이 도로 한가운데 죽어 있는 것을 볼 때가 있다. 도로를 건너려다 차에 치었음이 분명하다. 인간의 편의를 위해 산의 허리를 뚝 자른다거나 산을 가로질러 도로를 내는 일이 허다하다. 사람들은 교통이 편리해진다고 좋아하지만 어느 날 갑자기 만들어지는 도로는 그곳을 삶의 터전으로 삼고 있던 동물들에게 큰 장애물이 된다. 서식지를 마구잡이로 쪼개 놓고 심지어 격리하기까지 하므로 동물들은 이동을 하려다 차에 치거나 먹이를 구하지 못해 죽기도 하며 번식을 하지 못하기도 한다. 도로를 새로 만들 때에는 야생 동물들이 건너다닐 수 있는 이동 통로를 반드시 만들어 주어야 하지만 우리나라에서는 아직까지 야생 동물의 중요성에 대한 인식이 부족한 탓으로 잘 실현이 안 되고 있다.

중금속이나 독성 물질이 든 산업 폐기물을 아무런 처리도 하지 않은 채 흘려보내거나 야산에 갖다 묻어 버리

날씨가 매우 흐리고 추운 날, 저어새와 노랑부리저어새가 물속에서 휴식을 취하고 있다. 가장 오른쪽에 있는 한 마리가 저어새이고 나머지 세 마리가 노랑부리저어새이다.

는 것도 심각한 환경 파괴의 원인이 되고 있다. 오염된 물을 먹거나 오염 물질이 체내에 농축된 물고기 등을 먹은 새에게 치명적인 문제가 생기는 것은 당연한 일이다.

1994년 말 멕시코에 있는 한 지역 저수지에서 6주간 4만 마리의 철새가 떼죽음을 당하는 일이 발생하였다. 이 철새들은 미국과 캐나다 등지에서 내려온 것으로 그 후 미국과 캐나다, 멕시코 세 나라의 환경 단체들이 조사를 벌인 결과 생활하수와 공장 폐수가 철새 떼죽음의 원인인 것으로 드러났다.

생명의 보고, 습지

뭍의 늪이나 바닷가의 갯벌 같은 습지는 다양한 생물들이 살고 있는 생태계의 보고이다. 먹이 피라미드의 가장 아래쪽에 있는 식물 플랑크톤 및 수생 식물부터 먹이 피라미드의 가장 위쪽에 있는 새들까지, 습지는 모든 생명을 품에 안은 어머니와 같다. 간척이나 매립이나 오염 등으로 습지가 파괴되면 플랑크톤, 조류^{藻類}, 조개류 등과 함께 새들도 사라진다. 특히 많은 철새들이 찾아와서 먹이를 먹고 쉬어가는 갯벌이 없어짐으로써 아예 철새들이 찾아오지 않는 일도 생긴다.

습지의 중요성에 대해서는 국제적으로도 인정을 하고 있어 지난 1971년 이란에서 체결된 람사 조약에 따라 전 세계에 퍼져 있는 많은 습지들이 보호를 받고 있다. 우리나라에도 람사 조약의 기준을 적용해 보았을 때 반드시 보호

되어야 할 습지가 여럿 있다. 그러나 아직까지 우리나라는 이 조약에 가입을 하지 않은 상태이고 조약의 가입 여부를 떠나서 습지의 중요성에 대한 정부 및 일반인들의 인식 자체가 아직은 많이 부족한 편이다.

세계 5대 갯벌에 속하는 새만금 지역에 간척 사업이 진행되면서 철따라 이곳의 하늘과 바다, 갯벌을 찾아들던 도요새와 오리 들이 점점 줄어들고 있다. 시화 갯벌에 방조제를 건설하여 만들어진 시화호는 끝내 아무도 찾지 않는 죽음의 호수가 되었다. 수질 오염이 심각하여 2001년 담수화 淡水化 계획이 포기되기까지 노랑부리저어새나 검은머리갈매기 등 많은 새들이 이곳을 더 이상 찾지 않게 되었을 뿐만 아니라 14년간 1조 원 이상의 돈을 낭비하였다. 한번 훼손이 된 갯벌은 원래 상태로 되돌리는 것이 불가능하다. 더 이상 제2의 시화호가 탄생되는 일이 없도록, 우리의 자랑거리이자 세계 최대라 할 만한 철새 도래지들이 계속해서 수많은 철새들의 편안한 안식처가 될 수 있기 위해서는 모두의 관심이 필요하다.

사라지는 새들

1960년대 이후로 우리나라에도 산업화의 물결이 밀어닥치면서 산에서 들에서 많은 새들이 사라지기 시작하였다. 여름 철새인 꾀꼬리나 뻐꾸기, 겨울 철새인 두루미나 백로뿐만 아니라 주변에서 흔히 볼 수 있었던 참새나 박새 같은 텃새들도 눈에 띄게 그 수가 줄어들었다. 마구잡이식 국토 개발로 새들이 살 수 있는 서식지가 없어진 것이 아마도 가장 큰 이유일 것이다. 낮은 덤불이 있는 야산이 깎이고 없어지면서 꿩이나 방울새나 붉은뺨멧새 같은 새들도 함께 사라졌다. 조, 콩, 들깨 같은 밭 농작물을 잘 짓지 않게 된 것 또한 새들이 겨울철을 나는 데 어려움을 주고 있다.

습지의 물가에서 혼자 혹은 두 마리가 짝을 지어 조용하게 지내는 황새는 1960년을 전후로 무분별한 밀렵의 희생양이 되었다. 황새뿐만 아니라 많은 희귀 조류와 포유류들이 밀렵의 마수에서 벗어나지 못하고 하나하나 사라져 가고 있다. 우리나라가 원산지라고 알려져 있는 원앙사촌 *Tadorna cristata* 은 1916년 12월 낙동강 하구에서 발견된 한 마리를 끝으로 더 이상 보이지 않고 있어 멸종된 것으로 여겨지고 있다.

보호를 위한 노력

우리나라에서 사시사철 볼 수 있는 텃새와 철따라 찾아오는 여름 철새, 겨울 철새, 그리고 지나는 길에 들리는 나그네새를 포함하여 우리나라에서 기록된 새의 수는 18목 72과 450종이다. 여기에는 남한에서 기록된 435종과 북한에서 기록된 15종이 포함되어 있고 그 외 17아종을 포함하면 467종에 이른다. 정부에서는 450종 가운데 개체수가 감소되고 있거나 특별한 보호를 필요로 하는 40종에 대해서는 문화재 보호법에 의거하여 천연기념물로 지정, 보호하고 있다. 이와는 별도로 환경부에서는 194종의 동식물을 멸종 위기 야생 동식물 및 보호 야생 동식물로 지정하면서 13종의 조류를 멸종 위기 야생 조류에, 46종을 보호 야생 조류에 각각 포함시켰다.

멸종 위기 야생 동식물이란 자연적이거나 인위적인

쇠뜸부기사촌은 주로 습지에서 생활하기 때문에
수초 위에서 이동하기에 유리하도록 다리와 발가락이
매우 길다. 습지에 버려진 슬레이트 위에
발을 딛고 있는 모습이 매우 안쓰러워 보인다.

위협으로 인해 서식지나 도래지가 감소하고 서식 환경이 악화되고 있어 개체수가 현저하게 감소, 멸종 위기에 처할 우려가 있는 동식물을 말한다. 이중에서도 검독수리, 노랑부리백로, 두루미, 저어새, 크낙새, 황새 등은 천연기념물임과 동시에 멸종 위기종이며 개리, 검은머리물떼새, 까막딱따구리, 느시, 재두루미, 큰고니, 팔색조, 흑기러기 등은 천연기념물임과 동시에 보호종이다. 백로와 왜가리의 경우에는 경상남도 삼천포 학섬과 통영 도선리 그리고 전라남도 무안 용월리 등 여섯 곳의 번식지를 천연기념물로 지정하고 있다. 노랑부리백로는 종 자체가 천연기념물일 뿐만 아니라 번식지인 인천광역시의 신도 또한 천연기념물로 지정되어 있다.

그들이 죽으면 당신도 죽는다

생명이 살아 숨쉬고 있는, 우주에서 단 하나뿐인 행성인 지구. 38억 년이라는 긴 시간 동안 이 지구에서는 수많은 생물들이 서로서로 영향을 주고받으며 진화해 왔다. 이 생물들은 각자 지구 생태계를 유지하는 데 있어 없어서는 안 될 중요한 생태학적 역할과 기능을 맡고 있다. 우리 인류도 그러한 생물 중 하나이다. 세계 야생 동물 기금 협회 World Wildlife Fund 에서 내건 "그들이 죽으면 당신도 죽는다. THEY DIE, YOU DIE."

라는 슬로건대로 다른 생물들이 없는 지구에서는 우리도 살아남지 못할 것이다.

각종 국제기구와 비정부 단체, 연구자와 일반인까지 많은 사람들이 새들을 보호하기 위해 여러 방면에서 뛰고 있다. 북대서양 근해에서는 매년 100만 마리 이상의 새들이 기름 오염으로 죽어 가고 있다고 한다. 환경 단체와 자원 봉사자들은 기름에 오염된 새들을 일일이 구조하고 복원하는 일을 하고 있다. 무리를 지어 사는 새의 경우 전염성 질병이 퍼지기 시작하면 무리 전체가 전멸할 염려가 있다. 학계에 있는 연구자들은 새들에게서 잘 발생하는 질병을 연구하고 전염병이 퍼지지 않도록 예방을 위해 애쓰고 있다. 그들은 철새들의 번식지와 이동 경로 등을 알아내기 위해 때로는 새들에게 탐지기를 부착하기도 하고 개체를 식별하는 이름표를 붙여 주기도 한다. 새들의 다리나 날개, 목에 부착된 이름표나 탐지기가 새들에게 이롭기는커녕 오히려 생명에 지장을 주는 것은 아닌지 우려하는 사람들도 있지만 먼 미래를 생각해 보았을 때에는 반드시 필요한 일이다.

하나의 생물이 지구상에서 사라진다는 것은 그 생물과 관계를 맺고 있는 다른 생물들도 사라짐을 뜻한다. 하찮게 여겨지는 물새일지라도 박물관에 진열된 귀한 예술품과 맞먹는 가치가 있는 경이로운 존재이며 보잘 것 없어 보이는 조그마한 산새일지라도 인간의 생명을 유지하는 데 결정적인 역할을 하고 있다. 어느 한 종일지라도 소홀히 여겨서는 안 되며 후손에게 물려주어야 할 의무가 우리에게 있다. 새를 사랑하고 자연을 사랑하는 우리들의 최종 목표는 그들과 조화롭게 살아가는 법을 터득하는 것이다.

새에게 이름표를 다는 경우 대부분 발목에다 가락지의 형태로 된 이름표를 끼우는데
고니 종류는 다리가 짧고 물속에 있을 때에는 보이지 않기 때문에 긴 목에다 이름표를 달아 준다.
이름표는 멀리서도 잘 보이고 오랜 시간이 지나도 훼손되지 않으면서
새들에게 걸리적거리지 않도록 재질, 크기, 무게 등에 신경을 써서 선택한다.

거친 파도를 피해 쉬고 있는 민물가마우지들

파도가 거칠게 몰아치자 민물가마우지들이 바위 위로 올라와 쉬고 있다. 큰 파도가 몰려와 바위를 때리면 퍼드덕 날아올랐다가 제자리로 돌아가 앉는다.

두루미들의 입김

늦가을에 접어들어 기온이 떨어지자 두루미들이 내뱉는 입김이 하얗게 보인다.
가을에서 겨울로 넘어가는 시기, 해가 뜨는 동안에만 잠시 볼 수 있는 귀한 장면이다.
두루미들이 아침에 일어나 하늘을 향해 소리를 내기도 하면서 서로에게 인사하고 있다.

큰고니들의 늦잠
날씨가 많이 추워지면 기상 시간도 늦어진다. 해가 이미 떴지만
큰고니들은 부리를 날갯죽지에 푹 파묻고 일어날 생각을 않고 있다.
그중에는 빙판에 몸이 얼어붙어 버려 한동안 꼼짝하지 못하는 놈들도 있다.

눈 내린 들판 위의 멋쟁이새와 흰꼬리수리
멋쟁이새가 수분 섭취를 위해 눈을 먹고 있다. 흰꼬리수리가 눈 밑에 있는 먹잇감을 발견하고 착지를 시도하고 있다. 착지를 하는 순간 수북히 쌓인 눈 속으로 두 발이 푹 파묻히고 말았다.

점점 사라지고 있는 큰소쩍새 위 와 수리부엉이 오른쪽
겨울 철새인 큰소쩍새는 천연기념물 제324호이다.
텃새인 수리부엉이는 천연기념물 제324호이자 환경부 지정 보호 조류이다.

보호해야만 하는 새들

솔개 아래1, 긴점박이올빼미 아래2, 솔부엉이 아래3, 새호리기 아래4, 황새 오른쪽

솔개와 긴점박이올빼미, 새호리기는 환경부 지정 보호 조류이며 솔부엉이는 천연기념물 제324호이다.
황새는 예전에는 우리나라 어디에서든 쉽게 볼 수 있었으나 지금은 거의 자취를 감추어 버렸다.
이제는 천연기념물 제199호이자 환경부 지정 멸종 위기 조류이다. 겨울에 아주 적은 수의 무리가 우리나라에 찾아오고는 한다.

쇠황조롱이 왼쪽 와 삼광조 위

쇠황조롱이와 삼광조는 모두 환경부 지정 보호 조류이다.
배 종류 중에서 가장 둥지비 작은 쇠황조롱이는 겨울 선새이다.
두엄 더미 속에서 쥐를 찾고 있는 모습이 사진에 잡혔다.
삼광조는 보기 드문 여름 철새로 부리와 눈 주위의 코발트색이 매우 아름답다.
장거리 비행에 지쳐 꼼짝 못하고 나뭇가지에 앉아 쉬고 있다.

쓰레기와 함께 있는 까치 위 와 쇠물닭 오른쪽

까치가 시냇물에 쓸려 내려오다 돌에 걸린 비닐봉지를 뒤적이고 있다.
먹을 것이 있는지 찾아보고 있는 듯하다.
물에 뜬 쓰레기 위에서 쇠물닭이 휴식을 취하고 있다.

새를 보호하려는 사람들의 노력

흰눈썹황금새 왼쪽 1
사람들이 매달아 준 인공 둥지에다 알을 낳고 새끼를 키우고 있다.
새끼에게 줄 애벌레를 물어 와서 둥지 입구에 들어가려는 순간이다.

청딱따구리 왼쪽 2
사람들이 나무에 매달아 둔 먹이 그물망에서 청딱따구리가
먹이를 끄집어내어 먹고 있다. 먹이가 귀한 겨울철에 야생 동물이
살 수 있도록 사람들이 먹이를 제공하기도 한다.
새들에게 줄 먹이 그물망을 설치할 때에는 개나 다른 동물들이
닿지 않을 정도의 높이에다 설치해야만 한다.

청호반새 위 3, **까치** 위 4
자연 보호 팻말 위에 청호반새와 까치가 앉아서 쉬고 있다.

전파 발신기와 이름표를 단 재두루미 가족

왼쪽의 새끼 재두루미 두 마리와 어미 새 한 마리가 모두 다리에 가락지로 된 이름표를 달고 있다. 제일 왼쪽에 있는 새끼와 어미 새는 인공위성을 통해 이동 경로를 추적할 수 있는 전파 발신기를 등에 달고 있다.

시원스레 창공을 날아가는 두루미들 다음쪽

맑고 푸른 하늘을 두루미들이 열을 지어 날아가고 있다. 두루미는 우리나라에서 천연기념물 제202호로 보호를 받고 있으며 국제 자연 보존 연맹의 적색 자료 목록에 46호로 등록되어 있는 국제 보호 조류이다.

도감

일러두기

도감 사진은 '가나다 순'으로 정리되어 있다.
- **천연** 문화재보호법에 따라 천연기념물로 지정된 조류
- **보호** 환경부 지정 보호 조류
- **멸종** 환경부 지정 멸종 위기 조류
- ☞ 본문에 새가 등장하는 쪽 번호

새의 각부 명칭

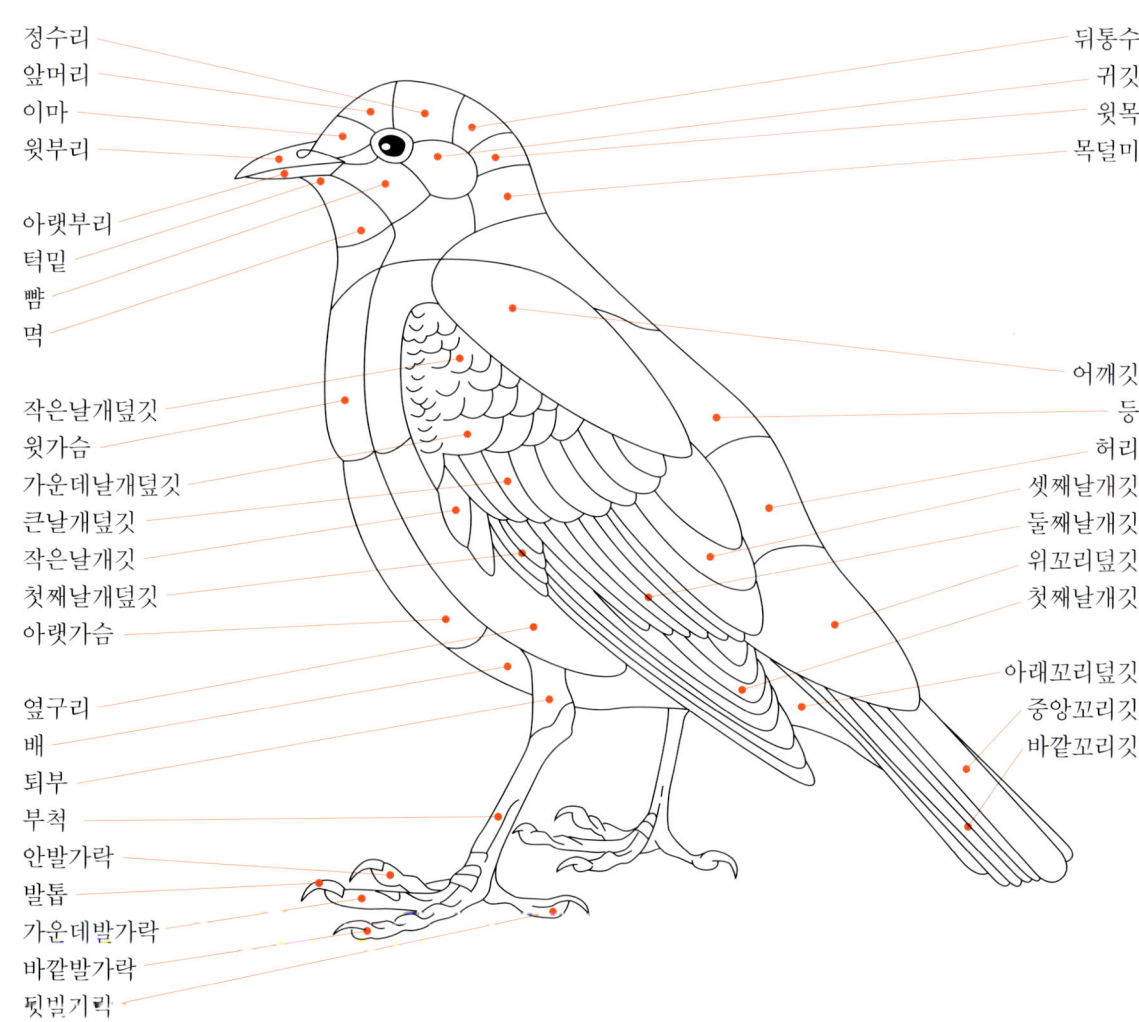

가마우지

학명 *Phalacrocorax capillatus*
영어명 Japanese Cormorant
북한명 가마우지
분류 사다새목 가마우짓과
이동성 텃새
지리적 분포 중국 북부, 우리나라, 일본, 대만
서식지 서해안 백령도를 비롯한 섬 지역
몸길이 84센티미터
날개 길이 133센티미터
형태 여름깃은 다리 위쪽에 흰색의 반점이 있고 뒤통수와 목덜미에 흰색 깃털이 있다. 겨울깃은 뒤통수와 목, 옆구리에 흰색이 없다.
생태 암초가 많은 해안 절벽에서 주로 생활한다. 암초나 바위 절벽의 오목한 곳에 마른 풀이나 해초를 이용하여 둥지를 짓고 5월 하순과 7월 사이에 엷은 파란색의 알을 4~5개 낳는다. 주로 물고기를 먹는다. 날개가 젖었을 때 날개를 활짝 펴서 말린다.
☞ 52, 254

가창오리 [보호]

학명 *Anas formosa*
영어명 Baikal Teal
북한명 반달오리
분류 기러기목 오릿과
이동성 겨울 철새
지리적 분포 시베리아 동부, 아무르 및 사할린 남부, 캄차카 반도
서식지 서해안 간척지와 해남 고천암호 등지의 습지
몸길이 40센티미터
형태 수컷은 얼굴에 노란색, 녹색, 검은색의 독특한 바람개비 무늬가 있으며, 가슴 옆면에 흰색 세로줄이 있다. 암컷은 쇠오리의 암컷과 비슷하지만 부리에 흰색 점이 있고 목이 더 희게 보인다. 가슴은 붉은 녹이 슨 듯한 황백색이며 짙은 갈색의 반달 모양 얼룩무늬가 있다.
생태 간척지, 강, 저수지, 호수, 농경지 등에서 월동하며, 전 세계 개체군의 대부분이 우리나라에서 월동한다.
☞ 20, 54~57

갈까마귀

학명 *Corvus dauuricus*
영어명 Daurian Jackdaw
북한명 갈까마귀
분류 참새목 까마귓과
이동성 겨울 철새
지리적 분포 시베리아 남부, 만주, 몽골, 중국 서북부와 티베트 동부 등지에서 번식. 우리나라, 중국, 일본, 대만 등지에서 월동
서식지 침엽수림, 해발 고도가 높은 산림
몸길이 33센티미터
형태 백색형과 흑색형, 중간형이 있다. 중간형과 흑색형은 다른 까마귀류와 비슷하게 생겼지만 크기가 작다. 뒤통수에 회색깃이 섞여 있으며 부리는 비교적 짧다.
생태 나무 구멍, 건축물의 틈, 벼랑에 있는 구멍에 둥지를 만들고 나뭇가지 위나 지붕 위에 밥그릇 모양의 둥지를 만들기도 한다. 곤충, 설치류, 어린 새, 열매 등을 먹는다.

갈매기

학명 *Larus canus*
영어명 Common Gull
북한명 갈매기
분류 도요목 갈매깃과
이동성 겨울 철새
지리적 분포 구북구와 북미 대륙의 아한대, 한대 지역에서 번식. 온대 지역에서 월동
서식지 해안, 하구
몸길이 44.5센티미터
형태 어깨깃과 등은 암수 모두 옅은 푸른색을 띤 잿빛이며, 그 외 부위는 흰색이다. 부리는 녹황색이다.
생태 해안, 항구 등에서 무리를 이루어 어류의 찌꺼기를 먹는다. 해안 구릉지, 바닷가 등에서 나뭇가지, 마른 풀, 해조류 등을 이용하여 접시 모양의 둥지를 만들고 2~3개의 알을 낳는다. 동물의 사체, 소형 조류, 어류, 바닷말 등을 먹는다.

갈색제비

학명 *Riparia riparia*
영어명 Sand Martin
북한명 모래제비
분류 참새목 제빗과
이동성 나그네새
지리적 분포 시베리아 동남부, 쿠릴 열도, 일본의 홋카이도 등지에서 번식. 우리나라, 일본, 중국 남부, 인도네시아에서 월동
서식지 해안가의 배 밭, 갈대밭
몸길이 12.5센티미터
형태 등은 갈색이며 배는 흰색이다. 가슴 부분에 옅은 T자형의 띠가 있으며 꽁지는 약간 갈라진 오목꽁지이다.
생태 제비 무리에 섞여 이동하며 배 밭이나 갈대밭을 잠자리로 한다. 호수와 하천의 물가 모래땅, 흙벽, 경작지의 모래층에 구멍을 파고 둥지를 만들어 집단으로 번식한다.

개개비

학명 *Acrocephalus arundinaceus*
영어명 Oriental Great Reed-Warbler
북한명 갈새
분류 참새목 휘파람샛과
이동성 여름 철새
지리적 분포 유라시아 대륙의 온대 지방
서식지 하천 습지, 갈대밭
몸길이 18.5센티미터
형태 외형으로 암수를 구분하기 힘들다. 몸의 윗면은 황갈색 또는 회갈색이다. 아랫면은 흰색이며 가슴에 희미한 줄무늬가 있는 경우도 있다. 다리는 청록색이다.
생태 봄과 가을의 이동 시기에 내륙의 갈대나 물가의 초지에서 쉽게 눈에 띈다. 작은 크기의 세력권을 유지하고 번식 밀도가 높다. 곤충과 개구리를 주로 먹는다.
☞ 112

개개비사촌
학명 *Cisticola juncidis*
영어명 Fan-tailed Warbler
북한명 부채꼬리솔새
분류 참새목 개개비사촌과
이동성 여름 철새, 텃새
지리적 분포 만주, 우리나라, 중국 동부, 양쯔 강 하류
서식지 물가의 초지 및 갈대밭
몸길이 12.5센티미터
형태 여름깃은 정수리가 검은 갈색이며, 등은 적갈색 바탕에 검은색의 뚜렷한 줄무늬가 있다. 배는 황갈색이고 꽁지는 짧고 어두운 갈색에 끝은 흰색이다. 겨울깃은 정수리가 황갈색으로 검은색의 가는 줄무늬가 있다.
생태 혼자 살거나 암수가 함께 생활하며, 습지의 수생 식물 줄기나 잎 사이에 좁은 컵 모양의 둥지를 만든다. 딱정벌레, 메뚜기, 매미 같은 곤충을 즐겨 먹는다.

개구리매 [천연] [보호]
학명 *Circus spilonotus*
영어명 Eastern Marsh Harrier
북한명 택광이
분류 매목 수릿과
이동성 겨울 철새
지리적 분포 시베리아 동부, 몽골 북부, 만주, 사할린, 홋카이도 등지에서 번식. 우리나라, 일본, 대만에서 월동
서식지 습지 또는 소택지
몸길이 수컷은 48센티미터, 암컷은 58센티미터
형태 수컷의 겨울깃은 정수리와 목덜미가 검은색으로 깃털 양쪽 가장자리가 흰색이라 세로로 얼룩무늬를 보인다. 암컷은 황갈색 또는 암갈색의 무늬가 산재하며 머리가 밝게 보인다.
생태 습지의 초원 위를 1~2미터 높이로 완만하게 날면서 발톱으로 먹이를 사냥한다. 소형 설치류와 조류 등을 먹이로 하며 개구리나 뱀도 먹는다.

개꿩
학명 *Pluvialis squatarola*
영어명 Grey Plover
북한명 검은배도요
분류 황새목 물떼샛과
이동성 나그네새 또는 겨울 철새
지리적 분포 북극 툰드라 지대와 알래스카에서 번식. 호주, 아프리카, 남아메리카, 갈라파고스까지 이동
서식지 갯벌, 습지
몸길이 29센티미터
형태 부리와 다리가 검은색이다. 날개 아랫면이 흰색이며, 옆구리 위쪽에 검은색의 큰 반점이 있는 게 특징이다. 날개 윗면의 흰색 띠와 허리의 흰색이 뚜렷하게 보인다.
생태 큰뒷부리도요, 왕눈물떼새, 민물도요와 무리를 이룬다. 이끼로 덮인 땅 위에 접시 모양의 둥지를 만들고 작은 가지나 잎, 이끼, 풀 등을 깐다. 지렁이, 새우, 조개, 곤충 등을 먹는다.

개똥지빠귀
학명 *Turdus naumanni*
영어명 Dusky Thrush
북한명 개티티
분류 참새목 딱샛과
이동성 흔한 나그네새 또는 겨울 철새
지리적 분포 시베리아 동부에서 캄차카 반도에 걸쳐 번식. 우리나라, 일본의 오키나와, 대만, 중국 동부, 쿠릴 열도 등지에서 월동
서식지 산림, 평지의 숲, 공원
몸길이 23센티미터
형태 정수리부터 등은 어두운 갈색이며 날개는 적갈색, 배는 흰색, 가슴과 옆구리에 검은색 반점이 있다.
생태 겨울철에 우리나라 남부 지방에서 주로 관찰된다. 곤충과 장밋과 식물의 씨앗을 즐겨 먹는다. 주로 땅 위에서 먹이를 찾으며 수십 마리씩 무리를 이루어 다닐 때도 있다.

개리 [천연] [보호]
학명 *Anser cygnoides*
영어명 Swan Goose
북한명 물개리
분류 기러기목 오릿과
이동성 겨울 철새
지리적 분포 시베리아 중남부에서 번식. 우리나라, 중국, 일본에서 월동
서식지 하구, 호수 및 저수지, 논, 습지
몸길이 8/센티미터
형태 기러기류 중에서 가장 크고, 머리와 목 부분은 앞쪽과 뒤쪽의 색깔 차이가 뚜렷하여 다른 기러기류보다 밝게 보인다. 부리는 검은색으로 길며, 기부에 흰 띠가 있다.
생태 호수, 간척지, 연못 등 습지에서 생활하며 무리를 지어 먹이를 찾으나 수생 식물의 뿌리, 해조류, 벼, 보리, 밀 등을 먹고 소개류도 즐겨 먹는다.

검독수리 [천연] [멸종]
학명 *Aquila chrysaetos*
영어명 Golden Eagle
북한명 검독수리
분류 매목 수릿과
이동성 텃새 또는 겨울 철새
지리적 분포 시베리아, 유럽 남부 지역, 우리나라, 일본, 미국
서식지 산악, 평지, 하천
몸길이 수컷 81.5센티미터, 암컷 89센티미터
형태 머리와 목덜미는 황갈색이고 몸은 전체적으로 어두운 갈색이지만 간혹 꽁지 기부와 날개덮깃에 흰색 또는 노란색이 섞이기도 한다. 부리 끝부분의 굽은 부위는 검은색이며, 기부는 엷은 회색이다.
생태 번식기에 비무장 지대의 동부 산악 지역에서 종종 관찰할 수 있으며, 겨울철에는 한강, 임진강, 철원 평야 지대에서 관찰할 수 있다.

검둥오리
학명 *Melanitta nigra*
영어명 Black Scoter 또는 Common Scoter
북한명 검은오리
분류 기러기목 오릿과
이동성 겨울 철새
지리적 분포 시베리아 동부, 캄차카 반도, 쿠릴 열도 북부, 알래스카 서부 연안에 걸쳐 널리 번식. 우리나라, 중국, 일본에서 월동
서식지 해안, 바다
몸길이 48센티미터
형태 수컷의 겨울깃은 몸 전체가 검은색이며 부리 기부가 노란색이다. 암컷은 몸 전체가 어두운 갈색이지만, 뺨과 목은 회갈색이다.
생태 툰드라 지역과 산림 지대의 연못, 호수, 하천 등에서 서식한다. 월동지에서는 큰 무리를 형성하여 주로 바다에서 생활한다. 풀숲이 있는 땅 위에 풀잎과 줄기를 이용하여 접시 모양의 둥지를 만든다.

검은가슴물떼새
학명 *Pluvialis fulva*
영어명 Pacific Golden Plover
북한명 검은가슴알도요
분류 황새목 물떼샛과
이동성 나그네새
지리적 분포 유라시아와 북미 대륙의 한대 지역에서 번식. 뉴질랜드와 아시아 연안에서 월동
서식지 갯벌, 논, 습지, 하구
몸길이 24센티미터
형태 전체적으로 밝은 노란색을 띤다. 여름깃은 몸 아랫면이 검은색이며 옆구리는 흰색이다. 겨울깃은 몸 아랫면이 노란색을 띤 갈색이다.
생태 주로 수십 마리로 무리를 지어 행동하며, 날 때 V자 대형을 이룬다. 시베리아 툰드라 지대에서 번식을 하며 지렁이, 곤충 등을 즐겨 먹지만 식물의 씨앗과 열매도 먹는다.

검은댕기해오라기
학명 *Butorides striatus*
영어명 Green-backed Heron 또는 Striated Heron
북한명 물까마귀
분류 황새목 백로과
이동성 여름 철새
지리적 분포 전 세계의 온대 및 열대 지역에 걸쳐 넓게 번식. 중국 남부, 대만, 필리핀, 보르네오 등지에서 월동
서식지 논, 호수, 저수지, 강, 계곡
몸길이 52센티미터
형태 정수리는 검은색이며 깃이 목덜미로 길게 늘어져 있다. 몸은 전체적으로 회색인데, 날개 윗면은 진한 회색이고 깃 가장자리는 흰색이나 노란색이다. 부리는 길고 검은색이며, 다리는 노란색이다.
생태 단독 또는 암수가 함께 생활하며 논, 개울가, 웅덩이, 하천 등지에서 해가 뜨거나 지는 시간에 먹이를 찾는다. 소나무 같은 교목의 가지에 나무를 쌓아 넓은 접시 모양의 둥지를 만든다.
☞ 132, 173, 246

검은등할미새
학명 *Motacilla grandis*
영어명 Japanese Wagtail
북한명 검은등할미새
분류 참새목 할미샛과
이동성 겨울 철새
지리적 분포 보통 일본에만 서식하지만 사할린, 중국, 대만, 우리나라에서 드물게 월동
서식지 우리나라 남동 해안과 내륙의 하천
몸길이 21센티미터
형태 흰색의 눈썹선과 턱이 검은색의 머리, 얼굴, 가슴 및 등과 선명한 대조를 이룬다. 배와 날개는 흰색이다.
생태 강이나 호숫가에서 주로 겨울철에 볼 수 있으며, 휴식을 취할 때에는 끊임없이 꽁지를 위아래로 흔든다. 곤충, 거미, 갑각류 등을 먹는다.

검은딱새
학명 *Saxicola torquata*
영어명 Common Stonechat
북한명 흰허리딱새
분류 참새목 딱샛과
이동성 여름 철새
지리적 분포 시베리아 중앙 및 동부, 만주, 우리나라, 중국 북부, 일본
서식지 농경지, 산림, 개활지
몸길이 13센티미터
형태 수컷의 머리, 등, 꽁지는 검은색이며, 위꼬리덮깃과 허리는 흰색, 가슴은 적갈색, 배는 우윳빛이다. 암컷은 머리와 등이 어두운 회갈색이며 검은색 줄무늬가 있다. 겨울깃은 전체적으로 암갈색이 많아진다. 다리는 암수 모두 암갈색이다.
생태 관목과 풀이 있는 숲의 지면에 밥그릇 모양의 둥지를 만든다. 딱정벌레, 나비, 매미 같은 곤충을 즐겨 먹는다.
☞ 160, 246, 248

검은머리갈매기 보호
학명 *Larus saundersi*
영어명 Saunders' Gull
북한명 검은머리갈매기
분류 황새목 갈매깃과
이동성 드문 겨울 철새 또는 텃새
지리적 분포 아시아 동부, 몽골 및 중국 북부 내륙, 우리나라, 일본, 대만까지의 해안
서식지 우리나라 남서해안의 갯벌 및 하구
몸길이 32센티미터
형태 부리는 짧고 검은색이며, 다리는 어두운 붉은색이다. 여름깃은 머리에서 목덜미까지 검은색이다. 눈 주위가 흰색이다. 앉아 있을 때 접고 있는 첫째날개깃 끝에 흰색 반점이 보인다. 겨울깃은 머리가 흰색이고 귀깃 부분에 검은색 반점이 있다.
생태 게, 조개, 갯지렁이 등을 주로 잡아먹는다.
☞ 98, 112, 122, 210, 253, 256

검은머리물떼새 `천연` `보호`
학명 *Haematopus ostralegus*
영어명 Eurasian Oystercatcher
북한명 까치도요
분류 도요목 검은머리물떼샛과
이동성 텃새
지리적 분포 유라시아 대륙과 북미, 아이슬란드, 태평양 제도, 아프리카, 오호츠크 해 연안, 중국, 우리나라, 일본 등지에 폭넓게 분포
서식지 갯벌과 하구
몸길이 45센티미터
형태 부리는 길고 붉은색이며, 몸은 검은색과 흰색이다. 날개 아랫면은 흰색, 꽁지 끝은 검은색이다.
생태 무인도의 암초, 삼각주, 갯벌 등지에서 작은 무리를 이루어 생활한다. 해변의 마른 땅 위 오목한 곳에 풀을 엉성하게 깔고 2~3개의 알을 낳는다. 길고 뾰족한 부리를 갯벌에 깊숙이 넣어 게, 지렁이, 작은 어류 등을 잡아먹는다.

검은머리방울새
학명 *Carduelis spinus*
영어명 Siskin
북한명 검은머리방울새
분류 참새목 되샛과
이동성 겨울 철새
지리적 분포 유라시아 대륙의 아한대 지역
서식지 침엽수림과 오리나무류 조림지 일대
몸길이 12.5센티미터
형태 수컷의 정수리와 멱은 검은색, 등은 노란색을 띤 녹색이다. 날개에는 노란 줄무늬가 있으며 배는 흰색에 어두운 갈색의 줄무늬가 있다. 암컷의 머리는 초록색을 띤 회색, 배는 흰색이며 옆구리에는 줄무늬가 많다.
생태 보통 30~50마리가 무리를 이뤄 움직이며, 주로 나무 위에서 생활을 한다. 오리나무류의 열매를 즐겨 먹는다.

검은머리촉새
학명 *Emberiza aureola*
영어명 Yellow-breasted Bunting
북한명 노랑가슴멧새
분류 참새목 멧샛과
이동성 흔하지 않은 나그네새
지리적 분포 캄차카 반도, 오호츠크 해 연안, 만주, 사할린, 쿠릴 열도 및 훗카이도 등지에서 번식. 만주, 우리나라를 거쳐 중국 남부, 동남아시아 등지에서 월동
서식지 농경지 및 하천가의 덤불
몸길이 15센티미터
형태 수컷의 얼굴과 멱은 검은색이며, 배는 선명한 노란색으로 가슴에 갈색 띠가 있다. 날개에는 선명한 흰색 띠가 두 줄 있다. 암컷의 배는 연한 노란색이며, 옆구리에 검은색의 줄무늬가 있다.
생태 농경지, 하천가의 덤불에서 볼 수 있으며 숲 속에서도 관찰할 수 있다.

고방오리
학명 *Anas acuta*
영어명 Pintail
북한명 가창오리
분류 기러기목 오릿과
이동성 겨울 철새
지리적 분포 유라시아와 북미 대륙의 아한대로부터 한대 지역에 걸쳐서 번식. 중국 남부, 인도, 미얀마, 우리나라, 일본에서 월동
서식지 하구, 하천, 저수지
몸길이 수컷 75센티미터, 암컷 53센티미터
형태 목이 길고 가늘며 꽁지는 뾰쪽하다. 수컷은 머리에서 목덜미까지 어두운 밤색이며, 앞목과 가슴은 흰색이다. 암컷은 전체적으로 얼룩이 있는 이두운 갈색이다.
생태 머리를 물에 박고 물구나무 선 자세로 먹이를 찾는다. 바닥에 있는 수서 생물을 수로 먹는다. 청둥오리, 쇠뺨검둥오리 같은 다른 수면성 오리와 함께 월동하기도 한다.
☞ 171, 242

곤줄박이
학명 *Parus varius*
영어명 Varied Tit
북한명 곤줄메기
분류 참새목 박샛과
이동성 텃새
지리적 분포 우리나라와 일본
서식지 산림, 공원
몸길이 14센티미터
형태 머리 위쪽에서 목까지 검은색이며, 이마와 얼굴은 흰색, 멱은 검은색, 등과 배는 적갈색이다. 배의 가운데는 흰색이다. 날개와 꽁지는 청회색이다.
생태 우리나라 전역의 상록 활엽수림, 낙엽 활엽수림 등 숲에서 주로 관찰할 수 있다. 나무 구멍에다 둥지를 지어서 5~8개의 알을 낳는다. 번식기에는 곤충을 자주 먹고 비번식기에는 씨앗이나 열매를 즐겨 먹는다.
☞ 159

괭이갈매기
학명 *Larus crassirostris*
영어명 Black-tailed Gull
북한명 검은꼬리갈매기
분류 도요목 갈매깃과
이동성 텃새
지리적 분포 연해주 남부 연안, 사할린 남부, 일본, 쿠릴 열도 남부
서식지 하구, 하천, 갯벌
몸길이 47센티미터
형태 날 때 꽁지 끝에 특징적인 검은색의 띠가 있는 것을 볼 수 있다. 부리는 노란색이며 끝 부분에 붉은색과 검은색의 띠가 있다. 다리는 노란색이다. 여름에는 몸의 윗부분이 짙은 회색이 되고 첫째날개깃은 검은색이 된다. 겨울에는 머리와 목덜미에 갈색의 줄무늬가 나 있는 것을 볼 수 있다.
생태 해안가 어항, 임도, 하구 등지에서 어류 찌꺼기를 먹고 있는 괭이갈매기 무리를 볼 수 있다. 암초에서 집단으로 번식한다.
☞ 38, 255

굴뚝새
학명 *Troglodytes troglodytes*
영어명 Winter Wren
북한명 쥐새
분류 참새목 굴뚝샛과
이동성 텃새
지리적 분포 서유럽, 사할린, 만주 및 우리나라, 일본
서식지 산림, 계곡
몸길이 10센티미터
형태 어두운 갈색에 조밀한 가로무늬가 있다. 야외에서는 보통 검게 보인다.
생태 암수 또는 단독으로 생활하며 뛰어다닐 때 꽁지를 세우고 허리를 좌우로 흔든다. 이끼를 사용하여 둥근 모양의 둥지를 만들고 둥지 안에 이끼, 새의 깃털, 동물의 털 등을 깐다. 4~6개의 알을 낳는다. 딱정벌레나 나비 같은 곤충과 거미를 즐겨 먹는다.

귀제비
학명 *Hirundo daurica*
영어명 Red-rumped Swallow
북한명 붉은허리제비
분류 참새목 제빗과
이동성 여름 철새
지리적 분포 남부 유럽과 아시아, 아프리카 일부 지역에 분포. 열대 지역에서 월동
서식지 인가 및 주변의 농경지, 개활지
몸길이 19센티미터
형태 허리와 목덜미가 붉은색이다. 아랫면은 황백색이며 암갈색의 세로 줄무늬가 있다. 머리와 등은 푸른빛의 금속광택이 있는 검은색이며, 날개와 꽁지는 검은색이다.
생태 처마나 다리 밑에 진흙과 짚을 이용하여 좁은 입구를 한 호리병 모양의 둥지를 짓고 흰색 알을 4~5개 낳는다. 이동 시기에 큰 무리를 이루어 생활하며 작은 곤충을 잡아먹는다.

긴발톱할미새
학명 *Motacilla flava*
영어명 Yellow Wagtail
북한명 긴발톱할미새
분류 참새목 할미샛과
이동성 나그네새
지리적 분포 시베리아 동남부, 오호츠크 해안, 사할린 등지에서 번식. 중국 남부, 우리나라, 대만 등지에서 월동
서식지 하천, 하구, 농경지
몸길이 17센티미터
형태 여름깃은 턱과 눈썹선이 선명한 노란색이며, 다리는 검은색이다. 겨울깃은 이마와 뺨, 날개가 회색이다. 날개에는 뚜렷한 흰색 선이 있다.
생태 나무 위에 앉아 있을 때에는 끊임없이 꽁지를 상하로 움직인다. 딱정벌레, 파리, 벌, 나비 등 날아다니는 곤충을 잡아먹는다.

긴점박이올빼미 보호
학명 *Strix uralensis*
영어명 Ural Owl
북한명 북올빼미
분류 올빼미목 올빼밋과
이동성 텃새
지리적 분포 사할린, 몽골 동북부, 만주, 우리나라의 북부 지역
서식지 고지대 산림
몸길이 50센티미터
형태 올빼미와 유사하나 훨씬 크고 전체적으로 짙은 회갈색이다. 가슴에는 굵은 세로 줄무늬만 있다. 눈은 검은색이며 부리는 노란색이다.
생태 우리나라에서는 주로 고산 지대의 산림에서 드물게 볼 수 있으며 설치류, 작은 조류, 곤충 등을 잡아먹는다. 야행성이지만 낮에 활동하기도 한다.
☞ 294

까마귀
학명 *Corvus corone*
영어명 Carrion Crow
북한명 까마귀
분류 참새목 까마귓과
이동성 텃새
지리적 분포 구북구에 폭넓게 분포
서식지 인가와 개활지 근처의 야산, 겨울철에는 농경지와 개활지
몸길이 48센티미터
형태 몸 전체가 푸른빛의 금속광택이 있는 검은색을 띤다. 부리는 비교적 가늘고 머리와 완만한 각도로 연결된다. 부리와 다리는 검은색이다.
생태 농촌의 인가 주변과 야산의 높은 나무 위에 나뭇가지로 접시 모양의 둥지를 만든다. 청록색 바탕에 갈색 점이 있는 알을 3~5개 낳는다. 겨울에는 무리 생활을 하며, 저지대로 이동하는 경우가 많다.
☞ 176, 218, 246, 262, 268

까막딱따구리 천연 보호
학명 *Dryocopus martius*
영어명 Black Woodpecker
북한명 까막딱따구리
분류 딱따구리목 딱따구릿과
이동성 텃새
지리적 분포 유럽과 아시아 지역에 널리 분포, 티베트 산맥에 고립된 개체군이 남아 있음
서식지 넓고 오래된 산림
몸길이 45센티미터
형태 몸 전체가 검은색이며, 수컷은 정수리 전체가 붉고 암컷은 머리 뒷부분이 붉다.
생태 죽은 나무가 많은 울창한 숲에서 산다. 몸을 수직으로 세우고 나무줄기에 붙어 나선형으로 선회하면서 위로 올라간다. 딱정벌레나 벌 등을 즐겨 먹고 절지동물도 먹는다.
☞ 90

까치
- **학명** *Pica pica*
- **영어명** Black-billed Magpie
- **북한명** 까치
- **분류** 참새목 까마귓과
- **이동성** 텃새
- **지리적 분포** 유라시아 대륙
- **서식지** 산림의 경계 지역, 도시와 시골의 평지 및 농경지
- **몸길이** 46센티미터
- **형태** 흰색의 어깨깃과 배를 제외한 몸 전체가 검은색이며, 날 때에는 흰색의 첫째날개깃이 뚜렷하게 보인다. 긴 꽁지는 녹색 광택이 있다.
- **생태** 영역 내 높은 나무나 전신주 등에 나뭇가지를 얽어 둥근 모양의 둥지를 짓는다. 이전에 썼던 둥지를 다시 쓰기도 하고 쓰던 둥지 위에 새로 짓거나 다른 나무에 짓기도 한다. 알은 푸른빛이 도는 흰색 바탕에 갈색 점이 박혀 있다. 식물성, 동물성 먹이를 모두 먹는다.
- ☞ 142, 203, 228, 298, 301

깝작도요
- **학명** *Actitis hypoleucos*
- **영어명** Common Sandpiper
- **북한명** 밀물도요
- **분류** 도요목 도욧과
- **이동성** 여름 철새
- **지리적 분포** 유럽에서 시베리아, 인도 북부, 중국 북부, 우리나라, 일본 등지에서 번식. 중국 남부, 필리핀, 보르네오, 호주까지 월동
- **서식지** 하천, 하구, 갈대밭, 습지
- **몸길이** 20센티미터
- **형태** 몸 윗면은 녹갈색이고 가슴에는 갈색의 줄무늬가 있으며 가슴 아래쪽에서 날개 앞쪽까지 흰색이다. 꽁지는 긴 편이고 날 때 날개에 뚜렷한 흰색 선이 보인다.
- **생태** 하천가의 모래와 자갈 위 오목한 곳에 접시 모양의 둥지를 만들고, 마른 풀잎을 바닥에 깔아 3~4개의 알을 낳는다. 주로 곤충류를 먹지만 새우나 거미, 조개도 먹는다.

꺅도요
- **학명** *Gallinago gallinago*
- **영어명** Common Snipe
- **북한명** 꺅도요
- **분류** 도요목 도욧과
- **이동성** 겨울 철새, 흔한 나그네새
- **지리적 분포** 스칸디나비아 반도에서 시베리아 동부, 사할린, 쿠릴 열도, 만주 지역에서 번식. 우리나라와 일본 등지에서 월동
- **서식지** 해안과 호수
- **몸길이** 26센티미터
- **형태** 날 때 날개 뒤쪽의 가장자리에 흰색이 뚜렷하다. 앉아 있을 때 꽁지가 날개보다 뒤로 나와 있다.
- **생태** 이동할 때는 큰 무리를 이룬다. 긴 부리를 진흙 속에 넣고 윗부리를 상하로 움직여 지렁이를 끄집어내어 먹는다. 습지 주변의 풀숲 땅 위 오목한 곳에 접시 모양으로 둥지를 만든다. 지렁이, 거미, 곤충, 달팽이, 조개 등을 먹는다.

꼬까도요
- **학명** *Arenaria interpres*
- **영어명** Ruddy Turnstone
- **북한명** 꼬까도요
- **분류** 도요목 도욧과
- **이동성** 흔한 나그네새
- **지리적 분포** 북극해 연안, 스칸디나비아, 시베리아, 아프리카, 아시아 남부, 뉴질랜드, 태평양 제도
- **서식지** 주로 모래나 바위가 있는 해안, 갯벌, 하구
- **몸길이** 22센티미터
- **형태** 머리에서 가슴까지 아래쪽 부분이 흰색 바탕에 검은색 줄무늬가 있는 게 특징이다. 검은색 부리는 짧고 위로 약간 휘어져 있으며, 다리는 붉은색이다.
- **생태** 주로 해안가의 자갈밭, 간척지, 하구의 삼각주 등지에서 볼 수 있으며 50마리 섞는가 부리를 마주대고 하나 작은 새우, 어류 수준, 거미 등과 씨앗을 먹는다.

꼬마물떼새
- **학명** *Charadrius dubius*
- **영어명** Little Ringed Plover
- **북한명** 알도요
- **분류** 도요목 물떼샛과
- **이동성** 흔한 여름 철새
- **지리적 분포** 중국 북부, 우리나라, 일본, 동남아시아
- **서식지** 갯벌, 하구, 하천
- **몸길이** 16센티미터
- **형태** 여름깃의 특징은 이마가 흰색이고, 정수리와 경계에서 양 눈 윗부분까지 검은색의 넓은 띠가 있다는 것이다. 부리는 검은색으로 아랫부리 기부에 누런색 얼룩무늬가 있으며 다리는 오렌지색이다. 겨울이 되면 머리와 가슴의 검은색 부분이 갈색으로 변한다.
- **생태** 개울, 하천, 해안 근처 자갈밭의 오목한 곳에 접시 모양의 둥지를 만든다. 지렁이, 곤충의 작은 조개, 지렁이를 주로 먹는다.
- ☞ 83, 106, 112

꾀꼬리
- **학명** *Oriolus chinensis*
- **영어명** Black-naped Oriole
- **북한명** 꾀꼬리
- **분류** 참새목 꾀꼬릿과
- **이동성** 흔한 여름 철새
- **지리적 분포** 만주, 중국, 우리나라, 인도차이나 북부에서 번식. 중국 남부, 인도차이나 남부, 미얀마, 말레이 반도 등지에서 월동
- **서식지** 도시의 공원이나 도시 근교의 숲
- **몸길이** 26센티미터
- **형태** 몸 전체가 선명한 노란색이며 부리는 붉은색이다.
- **생태** 암수 또는 단독으로 나무 위에서 생활하며 둥지는 나무의 높은 가지 위에 식물의 잎, 나무껍질, 뿌리 등을 이용해 밥그릇 모양으로 만든다. 5~7월에 옅은 붉은색 바탕에 진한 적갈색과 엷은 적갈색의 얼룩점이 있는 알을 4개 정도 낳는다. 나비, 딱정벌레, 매미 등의 곤충을 주로 먹고 벚나무의 열매 등을 먹기도 한다.
- ☞ 204

꿩
학명 *Phasianus colchicus*
영어명 Ring-necked Pheasant
북한명 꿩
분류 닭목 꿩과
이동성 흔한 텃새
지리적 분포 유라시아 대륙의 온대 지역
서식지 도시 공원, 구릉, 산간 초지
몸길이 수컷 80센티미터, 암컷 60센티미터
형태 길고 뾰족한 꽁지가 특징적이다. 수컷의 정수리와 뒤통수는 어두운 구릿빛 녹색이며, 뒤통수에는 작은 뿔 같은 치렛깃이 있다. 수컷은 눈 주위에 붉은색의 피부가 드러나 있고 윗등은 주황색을 띤 노란색으로 검은색 얼룩무늬가 있다. 암컷은 몸 전체가 황갈색이다.
생태 번식기에 수컷의 붉은 피부가 넓어지면서 두드러진다. 숲 속 지면을 오목하게 파서 둥지를 만들고 갈색이 도는 녹회색의 알을 6~10개 낳는다. 곡식의 낟알이나 개미나 메뚜기 등을 먹는다.
☞ 62, 246, 261

넓적부리
학명 *Anas clypeata*
영어명 Shoveler
북한명 넓적부리오리
분류 기러기목 오릿과
이동성 흔한 겨울 철새
지리적 분포 유라시아, 북미 대륙 서쪽의 아한대에서 한대 지역
서식지 해안의 하구, 습지, 연못, 논
몸길이 50센티미터
형태 넓고 큰 검은색의 부리를 가지고 있으며 다리는 주황색이다. 수컷 겨울깃은 머리와 목이 금속광택이 있는 어두운 녹색을 띠고 있다. 몸은 흰색이고 배 부분은 붉은색이다. 암컷의 몸 윗면은 어두운 갈색이며 몸 아랫면은 붉은 녹이 슨 듯한 흐린 갈색이다.
생태 넓은 부리 끝으로 물을 들이마시고, 윗부리와 아랫부리 사이에 있는 얇은 판으로 물을 여과시켜 수중의 플랑크톤을 걸러 먹는다. 둥지는 건조한 땅 위의 오목한 곳에 풀을 이용하여 만든다.
☞ 33, 40, 188

노랑눈썹멧새
학명 *Emberiza chrysophrys*
영어명 Yellow-browed Bunting
북한명 노랑눈섭멧새
분류 참새목 멧샛과
이동성 드문 나그네새
지리적 분포 구북구 동부, 바이칼 지역의 북부와 서부에 분포. 중국 남부의 중앙부와 연안 지역에서 월동. 중국 북부, 우리나라를 거쳐 이동
서식지 농경지, 개활지의 덤불
몸길이 14센티미터
형태 여름깃은 암컷과 수컷 모두 정수리가 검은색이고, 목덜미, 허리, 위꼬리덮깃은 잿빛을 띤 갈색이다. 눈과 부리 사이에는 눈썹선이 없고 눈 뒤부터 머리 뒤까지 선명한 누런색을 띤 눈썹선이 있다.
생태 다른 멧새류와 함께 관찰할 수 있으며 농경지나 개활지의 덤불에서 볼 수 있다. 봄과 가을의 이동 시기에 꼬까참새, 촉새와 함께 지나가는 경우도 있다.

노랑눈썹솔새
학명 *Phylloscopus inornatus*
영어명 Yellow-browed Warbler 또는 Inornate Warbler
북한명 노랑눈섭솔새
분류 참새목 휘파람샛과
이동성 흔한 나그네새
지리적 분포 시베리아 북부와 동남부, 몽골 북부 등지에서 번식. 중국 동부, 우리나라, 오키나와를 거쳐 대만, 인도차이나 등지에서 월동
서식지 산림, 공원
몸길이 10.5센티미터
형태 여름에는 몸의 윗면이 노란색이 도는 녹색을 띤다. 엷은 노란색의 눈썹선과 날개에 두 줄 띠가 선명하다. 부리 끝은 짙은 갈색이며 아랫부리의 반은 황갈색이다.
생태 주로 단독으로 생활한다. 볏과 식물의 줄기와 잎, 이끼류로 둥근 모양의 둥지를 만든다. 6월 중순과 7월 중순 사이 5~7개의 알을 낳고 딱정벌레와 파리를 즐겨 먹는다.

노랑딱새
학명 *Ficedula mugimaki*
영어명 Mugimaki Flycatcher
북한명 노랑솔딱새
분류 참새목 딱샛과
이동성 흔한 나그네새
지리적 분포 시베리아 동부에서 사할린에 걸친 지역에서 번식
서식지 산림, 공원
몸길이 13센티미터
형태 수컷은 몸 윗면이 검은색이고 암컷은 올리브색을 띤 갈색이다. 턱, 멱, 가슴은 오렌지빛 밤색이며 배의 나머지 부분은 흰색이다.
생태 침엽수림에서 단독 또는 암수가 함께 생활한다. 교목의 가지 위에 이끼류와 마른 잎, 풀 등을 이용해서 사발 모양의 둥지를 만든다. 6월 상순과 7월 사이 엷은 올리브색 바탕에 붉은 갈색의 얼룩점이 있는 알을 4~8개 낳는다.

노랑때까치
학명 *Lanius cristatus lucionensis*
영어명 Brown Shrike
북한명 붉은꼬리개구마리
분류 참새목 때까칫과
이동성 흔치 않은 여름 철새
지리적 분포 만주 남부, 우리나라, 일본의 규슈, 중국 동부에서 번식
서식지 농촌의 경작지 주변 숲, 도시 근교 숲
몸길이 20센티미터
형태 암수 모두 이마에서 정수리까지 잿빛이다. 몸 윗면은 짙은 회갈색이고 등과 어깨는 누런색을 띤 회갈색이다.
생태 나무의 가지 위에 마른 잎, 풀, 나무껍질을 이용하여 밥그릇 모양의 둥지를 만든다. 5월 하순에서 6월 사이에 청록색을 띤 잿빛 흰색 바탕에 회갈색과 엷은 자주색의 얼룩점이 있는 알을 4~7개 낳는다. 곤충, 참새, 박쥐 등을 잡아먹는다.

노랑발도요
- **학명** *Heteroscelus brevipes*
- **영어명** Grey-tailed Tattler
- **북한명** 누른발도요
- **분류** 도요목 도욧과
- **이동성** 흔치 않은 나그네새
- **지리적 분포** 시베리아 동북부의 아한대에서 한대 지역에 걸쳐 번식
- **서식지** 해안의 간척지, 갯벌, 하구, 염전, 논, 초지
- **몸길이** 25센티미터
- **형태** 몸 윗면은 전체적으로 어두운 회색이며, 흰색의 눈썹선이 뚜렷하다. 눈앞은 어두운 갈색이며 부리는 검은색이고 다리는 노란색이다. 여름에 가슴과 옆구리에 회갈색의 가는 줄무늬가 있다. 겨울에는 몸의 아랫면에 줄무늬가 없다.
- **생태** 큰 무리를 이루어 이동한다. 휴식할 때에는 모두 같은 방향으로 바라보고 한쪽 다리로 서서 머리를 등 뒤로 돌려 깃털에 묻는다. 연체동물, 갑각류, 작은 물고기, 곤충 등을 먹는다.

☞ 274

노랑부리백로 [멸종]
- **학명** *Egretta eulophotes*
- **영어명** Swinhoe's Egret 또는 Chinese Egret
- **북한명** 노랑부리백로
- **분류** 황새목 백로과
- **이동성** 흔치 않은 여름 철새
- **지리적 분포** 전 세계 집단의 대부분이 우리나라 서해안의 무인도에서 번식
- **서식지** 갯벌, 하구, 호수 및 저수지, 논
- **몸길이** 68센티미터
- **형태** 몸 전체가 흰색이며, 부리는 진한 노란색이다. 다리는 검은색이며, 발은 노란색이다. 여름에 다른 백로류에 비해 뒤통수에 장식깃이 많다. 겨울에는 장식깃이 없어지고 부리는 검은 갈색을 띤다.
- **생태** 논, 개울가 같은 물가에서 4~5마리가 무리를 지어 생활한다. 쇠백로보다 빠른 동작으로 물속을 걸어 다니며 어류나 갑각류 등을 잡아먹는다.

☞ 250~253

노랑부리저어새 [천연] [멸종]
- **학명** *Platalea leucorodia*
- **영어명** Eurasian Spoonbill
- **북한명** 누른빰저어새
- **분류** 황새목 저어새과
- **이동성** 드문 겨울 철새
- **지리적 분포** 만주와 연해주의 우수리 강 유역과 몽골 부근의 습지에서 번식. 중국 남부와 우리나라에서 월동
- **서식지** 하구, 갯벌, 저수지
- **몸길이** 86센티미터
- **형태** 몸 전체가 흰색이며 다리와 부리의 기부는 검은색이다. 주걱 모양의 부리 끝 부분은 노란색을 띠고 있다.
- **생태** 먹이를 잡을 때에는 부리를 벌려서 물속이나 진흙 속에 수직으로 넣고 좌우로 흔든다. 둥지는 마른 풀이나 나뭇가지를 이용하여 접시 모양으로 만든다. 흰색 바탕에 갈색 얼룩점이 있는 알을 3~5개 낳아 21일 동안 품는다. 작은 민물고기, 개구리, 올챙이 등을 먹는다.

☞ 26, 278

노랑지빠귀
- **학명** *Turdus naumanni naumanni*
- **영어명** Naumann's Thrush
- **북한명** 티티새
- **분류** 참새목 딱샛과
- **이동성** 흔한 나그네새, 겨울 철새
- **지리적 분포** 시베리아의 중앙부와 동남부에서 번식. 우리나라, 중국 남부, 일본 혼슈, 규슈 일대에서 월동
- **서식지** 산림, 공원
- **몸길이** 23센티미터
- **형태** 정수리는 어두운 갈색이지만, 등은 올리브 갈색이다. 눈썹선은 엷은 적갈색이며, 배의 중앙은 흰색이고, 가슴과 옆구리는 적갈색이다. 꽁지는 뚜렷한 적갈색이다.
- **생태** 층층나무, 마가목, 말채나무 등의 씨앗을 먹는다. 작은 나뭇가지 위에 마른 풀을 이용해서 밥그릇 모양의 둥지를 만들고 짙은 녹색 바탕에 어두운 붉은색의 얼룩무늬가 있는 알을 4~5개 낳는다.

노랑턱멧새
- **학명** *Emberiza elegans*
- **영어명** Yellow-throated Bunting
- **북한명** 노랑턱멧새
- **분류** 참새목 멧샛과
- **이동성** 흔한 텃새
- **지리적 분포** 만주, 우리나라, 일본의 서남부 등지
- **서식지** 덤불, 초지
- **몸길이** 16센티미터
- **형태** 수컷은 정수리에 검은색과 회갈색을 띤 깃이 있으며 암컷은 적갈색과 흑갈색이 섞인 깃이 있다. 수컷의 멱은 노란색이고 윗가슴은 검은색이다. 암컷의 멱과 가슴은 황갈색으로 가슴 양쪽에서 배 옆까지 밤색의 긴 세로무늬가 있다. 몸 아랫면은 흰색으로 가슴 옆에서 배 옆에 걸쳐 밤색의 세로무늬가 있다.
- **생태** 덤불이 있는 땅 위에 식물의 마른 잎과 줄기를 이용하여 둥지를 만든다. 곤충과 씨앗을 먹는다.

☞ 186

노랑할미새
- **학명** *Motacilla cinerea*
- **영어명** Grey Wagtail
- **북한명** 노랑할미새
- **분류** 참새목 할미샛과
- **이동성** 흔한 여름 철새
- **지리적 분포** 유라시아 대륙
- **서식지** 산림과 농경지 가장자리의 덤불
- **몸길이** 20센티미터
- **형태** 암수 모두 정수리, 등, 어깨, 허리 위는 황갈색을 띠는 회색이다. 허리 아래와 위꼬리덮깃은 어두운 올리브색을 띤 누런색이다. 배와 허리는 노란색, 머리와 윗면은 푸른 회색이다.
- **생태** 지붕이나 암벽의 틈, 나무줄기의 피인 곳 등에 마른 풀, 나무껍질, 흙을 사용해서 밥그릇 모양의 둥지를 만든다. 녹색을 띤 회색 바탕에 어두운 갈색의 작은 점이 있는 알을 4~5개 낳는다. 파리나 딱정벌레 같은 곤충의 유충을 먹는다.

☞ 160

논병아리
학명 *Tachybaptus ruficollis*
영어명 Little Grebe
북한명 농병아리
분류 논병아리목 논병아릿과
이동성 텃새
지리적 분포 중국 동북부, 우리나라, 일본 및 쿠릴 열도 등지
서식지 하천, 호수, 저수지, 연못
몸길이 26센티미터
형태 여름에 암수 모두 몸의 윗면이 검고, 귀깃, 턱밑, 목 옆은 붉은색이다. 겨울에 몸의 아랫면은 갈색이며, 부리 기부에 옅은 노란색의 피부가 드러나 있다. 물갈퀴가 있으며 목과 꽁지가 짧다.
생태 잠수 능력이 뛰어나서 수심이 비교적 깊은 하천, 호수, 저수지 등에서 생활한다. 수면에 물풀이나 갈대를 이용하여 둥근 모양의 둥지를 만들고 흰색 알을 3~6개 낳는다. 물고기, 달팽이, 우렁이와 갑각류 등을 즐겨 먹는다.

댕기물떼새
학명 *Vanellus vanellus*
영어명 Northern Lapwing
북한명 댕기도요
분류 도요목 물떼샛과
이동성 겨울 철새
지리적 분포 스페인, 이란 동북부, 몽골 서북부, 시베리아에 분포
서식지 논, 밭, 습지, 하천, 하구
몸길이 30센티미터
형태 여름에 수컷은 이마, 정수리, 뒤통수가 검은색이며 녹색의 금속광택이 있다. 머리의 깃털은 가늘고 길며 검은색 뿔깃이 특징이다. 등과 날개 윗면은 광택이 나는 녹색이며, 가슴에 검은색의 띠가 있다. 겨울에 암수 모두 머리 옆과 목 옆은 누런색이 도는 붉은색이다.
생태 잔디밭이나 풀밭의 지상에 접시 모양의 둥지를 만들고 이끼, 마른풀, 수초 줄기 등을 깐다. 곤충류, 지렁이, 씨앗과 열매 등을 먹는다.

댕기흰죽지
학명 *Aythya fuligula*
영어명 Tufted Duck
북한명 흰죽지댕기오리
분류 기러기목 오릿과
이동성 겨울 철새
지리적 분포 구북구의 한대, 냉온대 지역, 시베리아에서 번식. 사할린, 아프리카 북부, 중국 남부, 우리나라, 필리핀 등지에서 월동
서식지 하천, 하구, 호수 및 저수지
몸길이 40센티미터
형태 머리의 검은색 댕기와 노란색 눈이 특징이다. 수컷의 머리와 목은 검은색으로 보라색 광택을 띤다. 선명한 흰색의 옆구리와 배, 날개 일부를 제외한 몸 전체가 검은색이다. 암컷은 옆구리가 어두운 갈색이며, 머리에 보라색 광택이 없고 댕기도 짧다.
생태 잠수하여 물고기를 잡아먹으며 무리로 지낸다. 무척추동물이 풍부한 넓고 깊은 물을 즐겨 찾는다.
☞ 242

덤불해오라기
학명 *Ixobrychus sinensis*
영어명 Chinese Little Bittern 또는 Yellow Bittern
북한명 쇠물까마귀
분류 황새목 백로과
이동성 여름 철새
지리적 분포 중국 북부, 만주 동북부, 우리나라, 일본, 사할린, 대만 등지에서 번식. 인도, 말레이시아, 필리핀 등지에서 월동
서식지 저수지, 호수, 강, 논
형태 암컷은 정수리가 어두운 갈색이며, 몸 전체에 갈색의 희미한 줄무늬가 있다. 수컷은 정수리가 검은색이며, 등의 갈색이 암컷보다 진하고 줄무늬가 없다.
생태 단독 또는 암수 한 쌍이 갈대밭, 초지, 물가의 풀밭 등지에 숨어 산다. 주로 야행성이지만 해가 질 무렵에도 먹이를 찾는다. 갈대나 줄풀 사이에 줄기와 잎으로 접시 모양의 둥지를 만든다.
☞ 178

천연 보호

독수리
학명 *Aegypius monachus*
영어명 Cinereous Vulture
북한명 번대수리**
분류 매목 수릿과
이동성 겨울 철새
지리적 분포 구북구 남부의 온대, 지중해, 툰드라 지대에 분포. 인도 북부, 중국, 만주, 우리나라, 일본, 대만까지 남하하여 월동
서식지 하천, 저수지, 습지, 하구
몸길이 100~112센티미터
형태 몸 전체가 흑갈색이다. 날 때 긴 날개의 끝은 갈라져 있으며 위로 휘어져 있다. 머리의 피부가 드러나 있다.
생태 겨울에는 5~6마리 내지 수십 마리로 무리를 짓는다. 공기의 상승 기류를 이용하여 비상과 활공을 한다. 먹이를 발견하면 지상에 내려앉아 먹이에 접근한다. 그때 양쪽 다리를 모아 뛴다. 짐승의 사체를 주로 먹는다.

동고비
학명 *Sitta europaea*
영어명 Eurasian Nuthatch
북한명 동고비
분류 참새목 동고빗과
이동성 텃새
지리적 분포 아무르 지역 남부, 만주, 우수리 강 유역, 우리나라, 일본 등지
서식지 중산간 산림 지역
몸길이 14센티미터
형태 겨울에 수컷의 눈을 지나는 선은 검은색이며, 눈썹선은 좁고 옅은 흰색이다. 등은 청회색이고 배는 흰색이다.
생태 단독 또는 암수가 함께 생활하며 번식이 끝나면 딱따구리, 박새류와 같이 먹이를 찾으러 다닌다. 딱따구리류의 옛 둥지나 인공 새집을 둥지로 사용하는데 둥지의 구멍이 너무 클 때에는 점토로 적당하게 막는다. 둥지 바닥에 솔잎이나 가느다란 뿌리 등을 깐다.

동박새
학명 *Zosterops japonicus*
영어명 Japanese White-eye
북한명 동박새
분류 참새목 동박샛과
이동성 텃새
지리적 분포 우리나라의 중부 이남과 일본
서식지 산림, 공원
몸길이 11.5센티미터
형태 몸 윗면은 녹색, 멱은 노란색, 배는 흰색, 가슴 옆과 옆구리는 갈색이다. 부리는 가늘고 그 끝이 뾰족한데 부리등이 약간 굽었다.
생태 여름철에 암수 함께 생활하며 그 외 계절에는 무리 생활을 한다. 동백꽃 꿀을 좋아하며 꽃이 피는 시기에는 동백나무 숲에 무리를 지어 모여든다. 나뭇가지 사이에 밥그릇 모양의 둥지를 만들고 4~5개의 알을 낳는다. 곤충, 거미, 진드기 등을 먹는다.
☞ 154

되새
학명 *Fringilla montifringilla*
영어명 Brambling
북한명 꽃참새
분류 참새목 되샛과
이동성 겨울 철새
지리적 분포 스칸디나비아 반도, 시베리아, 몽골 북부 등지에 분포. 유럽 중부, 아프리카 서북부, 만주, 일본, 우리나라, 대만에서 월동
서식지 산림, 공원
몸길이 16센티미터
형태 여름에 수컷은 머리와 등은 검은색이며 가슴과 어깨는 어두운 황색이고, 날개에는 두 줄의 흰 띠가 있는 여름깃을 가진다. 겨울에는 수컷의 머리에서 두 개의 회색 줄무늬를 볼 수 있다. 겨울에 암컷은 수컷과 닮았으나 몸이 희미한 갈색을 띤다.
생태 가을과 겨울에 무리 생활을 하며 나무 위와 땅 위에서 먹이를 찾아다닌다. 양쪽 다리를 모아 뛰어다닌다.

되지빠귀
학명 *Turdus hortulorum*
영어명 Gray-backed Thrush
북한명 재티티
분류 참새목 딱샛과
이동성 여름 철새
지리적 분포 시베리아 동남부, 만주 동북부, 우리나라 등지에서 번식. 중국 남부, 인도네시아 북부 등지에서 월동
서식지 산림, 공원
몸길이 23센티미터
형태 수컷의 머리, 등, 윗가슴은 어두운 회색이며 아랫가슴과 배는 흰색이다. 옆구리는 오렌지색이다. 암컷의 등은 갈색이고 배는 흰색, 옆구리는 오렌지색이다.
생태 숲 속 교목의 가지 위에 밥그릇 모양의 둥지를 만들어 4~5개의 알을 낳는다. 딱정벌레, 나비, 매미 등을 주로 먹지만 때로는 열매도 먹는다.

두루미 천연 멸종
학명 *Grus japonensis*
영어명 Red-crowned Crane
북한명 흰두루미
분류 두루미목 두루밋과
이동성 겨울 철새
지리적 분포 시베리아 한카 호수 부근과 일본 홋카이도 구시로 습지 두 곳에서 번식. 중국 본토의 중부와 동부 해안을 거쳐 우리나라, 일본 구시로에서 월동
서식지 습지, 하천, 농경지
몸길이 140센티미터
형태 몸 대부분은 흰색이며, 정수리는 붉은색, 멱과 목은 검은색이다. 검은색의 셋째날개깃이 꽁지처럼 길게 늘어진다.
생태 일부일처로 생활하며 3월 하순과 4월 하순 사이에 1~2개의 알을 낳는다. 미꾸라지와 붕어 같은 민물고기와 개구리, 잠자리, 메뚜기 등을 먹는다.
☞ 14, 32, 76, 80, 102, 184, 196~198, 218, 240, 245, 258~260, 264, 286, 304

뒷부리도요
학명 *Xenus cinereus*
영어명 Terek Sandpiper
북한명 뒷부리도요
분류 도요목 도욧과
이동성 나그네새
지리적 분포 캄차카 반도, 오호츠크 해 연안, 만주, 호주, 사할린, 우리나라, 일본, 대만, 필리핀, 보르네오 등지
서식지 갯벌, 하천
몸길이 23센티미터
형태 여름에 암수 모두 정수리, 뒤통수, 목덜미는 회갈색을 띠고 검은색의 점이 있다. 이마, 턱밑, 멱, 목 옆은 흰색이며, 멱 양쪽과 목 옆에는 갈색의 세로 얼룩무늬가 있다. 다리는 오렌지색이다.
생태 툰드라 등지에서 초지나 작은 관목이 있는 풀숲 땅 위의 오목한 곳에 둥지를 만들고 둥지에 풀잎과 줄기를 깐다.

뒷부리장다리물떼새
학명 *Recurvirostra avosetta*
영어명 Avocet
북한명 키큰뒷부리도요
분류 도요목 장다리물떼샛과
이동성 드문 겨울 철새 또는 나그네새
지리적 분포 우수리 강 유역, 몽골 등지에서 번식. 중국 남부, 인도, 대만 등지에서 월동
서식지 갯벌, 하구, 하천
몸길이 43센티미터
형태 부리는 길고 가늘며 위로 휘어져 있다. 여름에 정수리와 목덜미는 검은색이고 날개에는 흰색과 검은색 무늬가 뚜렷하게 나타난다.
생태 서해안 습지 지역에서 관찰된다. 몸이 거의 물에 잠기지 않을 정도의 얕은 물에서 살며 헤엄을 친다.

딱새

학명 *Phoenicurus auroreus*
영어명 Daurian Redstart
북한명 딱새
분류 참새목 딱샛과
이동성 텃새
지리적 분포 아무르 지역과 몽골, 중국 북부, 우리나라 등지에서 번식. 일본 남부, 중국 동부와 남부, 인도차이나 등지에서 월동
서식지 개활지
몸길이 14센티미터
형태 수컷의 이마, 정수리, 목덜미, 윗등은 어두운 잿빛이다. 등과 어깨는 검은색으로 회갈색의 가장자리가 있다. 수컷의 부리는 검은색이지만, 암컷은 흑갈색이다. 다리는 암수 모두 흑갈색이다.
생태 대개 단독으로 생활한다. 암수 함께 나무 구멍, 바위 틈, 건축물의 틈 등에 둥지를 만들고 인공 새집도 이용한다. 각종 열매와 딱정벌레, 나비, 벌 등의 곤충을 먹는다.

때까치

학명 *Lanius bucephalus*
영어명 Bull-headed Shrike
북한명 개구마리
분류 참새목 때까칫과
이동성 텃새
지리적 분포 만주 남부, 중국 북부와 사할린, 우리나라, 일본 등지
서식지 개활지, 농경지
몸길이 20센티미터
형태 수컷의 머리는 갈색이며 등은 회색이다. 첫째날개덮깃의 기부에 작은 흰 반점이 있는 게 특징이다. 암컷의 등은 진한 갈색이며, 가슴과 배에는 조밀한 비늘 줄무늬가 있다.
생태 암수 또는 단독으로 생활하며 번식 후 가족군을 형성한다. 번식기에 세력권을 점유하는 다른 작은 새들과는 반대로 가을과 겨울에 일정한 세력권을 확보한다. 교목의 높은 가지 위에 밥그릇 모양의 둥지를 만든다. 곤충과 소형 포유류, 소형 조류를 먹는다.
☞ 160, 177

떼까마귀

학명 *Corvus frugilegus*
영어명 Rook
북한명 떼까마귀
분류 참새목 까마귓과
이동성 겨울 철새
지리적 분포 시베리아 남부, 몽골 북부, 만주, 중국 남부 등지에서 번식. 중국 동부, 우리나라, 일본 서남부, 대만 등지에서 월동
서식지 산림, 농경지
몸길이 47센티미터
형태 겨울에 수컷은 온몸이 광택이 강한 검은색을 띤다. 암컷은 수컷에 비하여 크기가 작다. 부리는 까마귀보다 가늘고 검은색이며, 부리등은 완만하게 굽어 있고 끝은 뾰족하다.
생태 겨울에는 큰 무리를 이루며, 갈까마귀 무리와 함께 다니기도 한다. 농촌의 인가와 시가지 부근의 교목 위에 둥지를 만든다. 수컷이 둥지 재료를 운반하면 암컷이 만든다. 잡식성이다.

뜸부기 [보호]

학명 *Gallicrex cinerea*
영어명 Watercock
북한명 뜸부깃과
분류 두루미목 뜸부깃과
이동성 여름 철새
지리적 분포 중국, 우리나라, 일본, 동남아시아 등지
서식지 논, 호수
몸길이 수컷 40센티미터, 암컷 33센티미터
형태 여름에 수컷은 이마에서 정수리까지 선명한 붉은색의 액판이 있으며 정수리, 뒤통수, 목덜미는 검은색으로 각 깃털에 잿빛 가장자리가 있다. 수컷의 부리는 누런색이고 암컷은 황갈색이다. 암컷은 수컷보다 작고 액판이 없으며 전체적으로 갈색이다.
생태 낮에는 물가의 풀숲, 논 부근의 덤불 속에 숨어 있고 아침과 저녁에 논과 둑에 나와 활발히 활동한다. 논에 벼나 풀줄기로 접시 모양의 둥지를 만든다. 곤충과 달팽이, 벼, 물풀의 씨앗 등을 먹는다.

마도요

학명 *Numenius arquata*
영어명 Eurasian Curlew
북한명 마도요
분류 도요목 도욧과
이동성 겨울 철새, 나그네새
지리적 분포 유라시아 대륙의 온대와 아한대 지역에서 번식
서식지 해안의 간척지, 습지, 하구, 염전, 논, 밭, 하천
몸길이 58센티미터
형태 암수 모두 머리, 어깨깃, 등은 검은 갈색이다. 검은색의 부리는 길고 아래로 휘어져 있으며, 수컷의 부리가 암컷의 것보다 짧다. 옆구리와 배는 흰색이며 다리는 잿빛을 띤 푸른색이다.
생태 긴 부리를 갯벌의 진흙 속에 넣고 먹이를 먹는다. 습지나 초지 위 오목한 곳에 접시 모양의 둥지를 만든다. 올리브색 또는 잿빛 녹색 바탕에 갈색의 얼룩점이 있는 알을 4개 정도 낳는다. 조개, 갑각류, 작은 어류, 곤충 등을 먹는다.
☞ 168, 272

매 [천연] [멸종]

학명 *Falco peregrinus*
영어명 Peregrine Falcon
북한명 꿩매
분류 매목 맷과
이동성 텃새
지리적 분포 유라시아 대륙, 북미 대륙의 한대와 아한대 지역, 호주
서식지 해안이나 해안에 인접한 산의 절벽
몸길이 수컷 42센티미터, 암컷 49센티미터
형태 몸 윗면은 청회색이다. 턱밑, 멱, 목 옆은 흰색이다. 윗가슴에는 검은색의 얼룩점이 있다. 부리는 노란색으로 끝은 검은색이고 다리는 누런색이다.
생태 벼랑 위, 높은 나무 위에서 먹이를 찾으며 잡은 먹이는 일정한 장소로 운반한 후에 먹는다. 둥지는 해안에 접한 암벽의 움푹 파인 곳을 그대로 이용한다. 엷은 회갈색 바탕에 적갈색의 얼룩무늬가 있는 알을 3~4개 낳는다. 조류와 설치류 등을 먹는다.
☞ 179

멋쟁이새
학명 *Pyrrhula pyrrhula*
영어명 Bullfinch
북한명 산까치
분류 참새목 되샛과
이동성 겨울 철새
지리적 분포 아무르 강 하류, 우수리 강 유역 및 사할린 등지에서 번식. 우리나라의 중부 지역에서 월동
서식지 산림, 공원
몸길이 15센티미터
형태 수컷의 정수리는 검은색이며, 멱과 뺨은 붉은색, 가슴은 회색을 띤 붉은색, 목덜미와 배는 회색, 허리는 흰색이다. 꽁지와 날개는 검은색이고 날개에는 회색 띠가 있다. 암컷의 배와 등은 회갈색이다.
생태 번식기에는 암수가 함께 생활하지만, 겨울철에는 작은 무리를 이룬다. 침엽수의 나뭇가지 위에 마른 나뭇가지와 이끼류로 밥그릇 모양의 둥지를 만든다. 씨앗과 곤충 등을 먹는다.
☞ 290

메추라기도요
학명 *Calidris acuminata*
영어명 Sharp-tailed Sandpiper
북한명 메추리도요
분류 도요목 도욧과
이동성 나그네새
지리적 분포 구북구 동부의 툰드라 지대부터 캄차카 반도까지의 넓은 지역에서 번식. 동아시아를 거쳐, 말레이시아, 호주 등지에서 월동
서식지 갯벌, 하구
몸길이 21센티미터
형태 여름에 암수 모두 이마에서 목덜미까지 깃털의 가장자리가 적갈색이다. 등, 어깨ճ, 허리는 검은색으로 깃털의 가장자리는 적갈색이다. 배는 흰색이고, 부리는 검은 갈색이다.
생태 작은 냇가 건조한 땅의 움푹 파인 곳에 둥지를 만들고 6월 중순부터 7월 하순 사이에 엷은 녹색이나 갈색 바탕에 어두운 갈색의 얼룩무늬와 점이 있는 알을 낳는다. 작은 어류, 곤충을 먹는다.

멧비둘기
학명 *Streptopelia orientalis*
영어명 Rufous Turtle Dove
북한명 멧비둘기
분류 비둘기목 비둘깃과
이동성 텃새
지리적 분포 시베리아 남부, 사할린, 중국, 우리나라, 일본 등지
서식지 산림, 개활지, 농경지, 공원
몸길이 33센티미터
형태 암수 모두 이마와 정수리는 회색이고 뒤통수와 목은 포도색을 띤 회갈색이다. 날개와 등의 깃털 가장자리에는 붉은색 띠가 있으며, 검은색의 꽁지 끝에는 흰 띠가 있다. 부리는 암청색이 도는 회색이고 다리는 적자색이다.
생태 번식기에는 암수 쌍끼리 주로 생활하며 소나무, 전나무 등의 나뭇가지에 둥지를 만든다. 땅 위에서 낱알을 포함하여 식물의 씨앗과 열매, 콩 등을 즐겨 먹는다.

멧새
학명 *Emberiza cioides*
영어명 Meadow Bunting
북한명 멧새
분류 참새목 멧샛과
이동성 텃새
지리적 분포 유라시아 대륙의 중앙부에서 동부에 이르는 온대 지역
서식지 개활지, 농경지
몸길이 16센티미터
형태 암수 모두 정수리와 목덜미가 황갈색이며, 정수리 양쪽은 엷은 밤색이다. 등은 황갈색인데 검은색의 넓은 띠가 있다. 가슴은 갈색이고 깃가장자리는 황갈색으로 폭이 넓다. 부리는 흐린 검은색이고 다리는 엷은 갈색이다.
생태 관목의 가지 위에 나무줄기와 잎을 쌓아서 밥그릇 모양의 둥지를 만든다. 4월 중순과 7월 하순 사이에 3~5개의 알을 낳는다. 곤충의 유충과 성충, 씨앗을 먹는다.

멧종다리
학명 *Prunella montanella*
영어명 Siberian Accentor
북한명 멧종다리
분류 참새목 바위종다릿과
이동성 나그네새
지리적 분포 구북구 동부에 분포, 중국 북부와 사할린, 우리나라 등지에서 월동
서식지 개활지나 산림의 관목 숲
몸길이 15센티미터
형태 겨울에 수컷의 정수리와 굵은 눈선은 검은색이며 눈썹선과 멱, 가슴, 배는 황갈색이다. 배 옆에는 밤색의 세로무늬가 있다.
생태 단독으로 또는 암수가 짝을 이뤄 생활하며 나무의 그루터기나 나뭇가지 사이에 마른풀과 작은 나뭇가지를 이용하여 밥그릇 모양의 둥지를 만든다. 녹청색의 알을 4~6개 낳는다. 여름철 번식기에는 주로 곤충을 먹는다.
☞ 162

물까마귀
학명 *Cinclus pallasii*
영어명 Brown Dipper
북한명 물쥐새
분류 참새목 물까마귓과
이동성 텃새
지리적 분포 오호츠크 해 서부 연안, 캄차카 반도, 만주, 사할린, 우리나라, 중국의 산악 지대, 일본, 대만에 분포
서식지 산림의 계곡
몸길이 22센티미터
형태 겨울에는 암수 모두 몸 전체가 진한 흙갈색이며, 허리와 위꼬리덮깃, 다리는 잿빛이다. 가늘고 긴 부리는 검은색이다.
생태 얕은 시냇물 속에 잠수하여 먹이를 찾고 단독으로 또는 암수가 짝을 이뤄 생활한다. 시냇물 속 암석 사이나 쓰러진 나무 밑에 이끼로 둥근 모양의 둥지를 만든다. 주로 곤충의 성충과 유충을 먹는다.
☞ 160

물까치
학명 *Cyanopica cyana*
영어명 Azure-winged Magpie
북한명 물까치
분류 참새목 까마귓과
이동성 텃새
지리적 분포 유라시아 대륙의 동부, 서쪽 끝의 이베리아 반도
서식지 인가와 농경지 주변의 개활지, 과수원, 산림의 가장자리
몸길이 37센티미터
형태 이마, 눈앞, 뺨, 귀깃의 윗부분에서 뒤통수까지는 검은 모자를 쓴 듯, 푸른색의 광택이 있는 검은색이다. 턱밑, 뺨, 귀깃의 아래, 멱은 흰색이다. 가슴 이하의 몸 아래는 엷은 잿빛이다. 부리와 다리는 검은색이다.
생태 주로 무리를 지어 활동한다. 나뭇가지에 밥그릇 모양으로 둥지를 만든다. 동물성, 식물성 먹이를 모두 먹지만 주로 곤충을 먹는다.
☞ 163

물닭
학명 *Fulica atra*
영어명 Coot
북한명 큰물닭
분류 두루미목 뜸부깃과
이동성 겨울 철새
지리적 분포 유라시아 대륙 전역, 사할린, 우리나라, 일본, 대만
서식지 강, 호수, 저수지 등의 내륙 습지
몸길이 40센티미터
형태 암수 모두 이마와 정수리 사이에 흰색의 액판이 있으며 머리와 목은 검은색이다. 몸 아랫면은 회색이며, 부리는 흰색, 다리는 오렌지색이다. 부척은 오렌지색 광택이 있는 녹색이다.
생태 위험할 때에는 잠수를 하거나 수면을 박차며 뛰어서 도망간다. 수초가 우거진 호수, 갈대나 줄풀이 있는 물가에서 주로 잠수와 수영을 하면서 식물의 어린잎, 수서 곤충, 작은 물고기, 연체동물 등을 먹는다. 갈대나 줄풀 속에 수초를 높이 쌓아 둥지를 만든다.
☞ 112

물때까치
학명 *Lanius sphenocercus*
영어명 Chinese Great Grey Shrike
북한명 물개구마리
분류 참새목 때까칫과
이동성 겨울 철새
지리적 분포 몽골, 만주 등지에서 번식. 만주와 우리나라를 거쳐 중국 동부와 일본 등지에서 월동
서식지 경작지, 초지, 개활지
몸길이 31센티미터
형태 겨울에 암수 모두 몸 윗면이 회색이다. 눈선과 눈앞은 엷은 검은색이고, 이마와 눈썹선은 흰색이다. 가슴과 옆구리, 몸 아랫면은 흰색이다. 부리와 다리는 검은색이다.
생태 주로 단독으로 또는 암수 짝으로 생활하고 교목이나 관목의 가지 위에 밥그릇 모양의 둥지를 만든다. 곤충, 소형 조류, 설치류를 먹는데, 먹이를 나뭇가지나 철사에 꽂아 놓는 습성이 있다.

물총새
학명 *Alcedo atthis*
영어명 Common Kingfisher
북한명 물촉새
분류 파랑새목 물총샛과
이동성 여름 철새, 텃새
지리적 분포 유라시아 대륙의 열대 지역과 온대 지역에서 번식
서식지 호수, 하천
몸길이 17센티미터
형태 수컷은 이마, 정수리, 뒤통수가 어두운 녹청색이며 깃털 끝에 선명한 푸른색의 띠가 있다. 등 가운데, 허리, 위꼬리덮깃은 광택이 있는 선명한 푸른색이며, 등 양쪽과 어깨깃은 어두운 녹색이다. 목 옆과 멱은 흰색이고 부리는 검은색이다. 암컷의 아랫부리는 붉다.
생태 물가의 언덕에 터널과 같은 구멍을 파고 그 안에 어미 새가 토해 낸 물고기 뼈를 깔아 둥지를 만든다. 민물고기, 양서류, 수서 곤충 등을 먹는다.
☞ 77, 152

민물가마우지
학명 *Phalacrocorax carbo*
영어명 Great Cormorant
북한명 갯가마우지
분류 사다새목 가마우짓과
이동성 겨울 철새
지리적 분포 중국, 우리나라, 일본
서식지 해안, 호수
몸길이 82센티미터
형태 몸의 윗면은 푸른색 광택을 띤 갈색이다. 부리의 기부는 노란색이고, 바깥쪽의 나출부는 흰색이며 그 경계가 둥글다. 여름에 다리 위쪽에 흰색의 반점이 있으며, 뒤통수와 목덜미에 흰색 깃털이 있다. 겨울에는 뒤통수와 목, 옆구리에 흰색 반점이 없다.
생태 물갈퀴와 꽁지를 이용하여 잠수할 수 있다. 물속에 사는 물고기를 잡아먹으며, 무리를 지어 집단으로 번식한다. 지난해의 둥지를 보수하여 사용하기도 한다.
☞ 88, 284

민물도요
학명 *Calidris alpina*
영어명 Dunlin
북한명 갯도요
분류 도요목 도욧과
이동성 나그네새, 겨울 철새
지리적 분포 유라시아와 북미 대륙의 한대 지역에서 널리 번식
서식지 해안, 하천, 하구
몸길이 19센티미터
형태 부리는 길고 아래로 약간 휘어져 있다. 여름에는 배에 검은색의 큰 반점이 있고 가슴에 검은색의 가는 줄무늬가 있다. 겨울에 몸의 윗면은 흐린 회색이며, 몸의 아랫면은 흰색이다. 부리와 다리는 검은색이며 턱밑과 멱은 흰색이다.
생태 툰드라 지대의 늪과 연못 근처에서 집단으로 번식한다. 풀뿌리 등으로 오목한 접시 모양의 둥지를 만들고 달팽이, 갑각류, 지렁이, 곤충 등을 먹는다.

밀화부리
학명 *Eophona migratoria*
영어명 Chinese Grosbeak
북한명 밀화부리
분류 참새목 되샛과
이동성 여름 철새
지리적 분포 아무르 지역 남부, 만주, 우리나라 등지에서 번식
서식지 도시의 공원
몸길이 19센티미터
형태 부리는 엷은 주황색으로 끝이 검다. 수컷의 머리, 뺨, 날개는 광택이 있는 검은색, 목덜미와 등은 회갈색, 가슴과 배는 황갈색, 허리는 엷은 회색, 꽁지는 검은색이다. 암컷은 머리와 등이 회갈색이다. 다리는 누런색을 띤 연주황색이다.
생태 주로 교목의 가지 중에 낮게 수평으로 뻗어 나온 가지의 옆 가지에 식물의 잎과 잡초의 줄기를 진흙이나 거미줄로 엮어서 둥지를 만든다. 주로 씨앗을 먹지만 곤충도 먹는다.
☞ 158, 163

바다비오리
학명 *Mergus serrator*
영어명 Red-breasted Merganser
북한명 바다비오리
분류 기러기목 오릿과
이동성 겨울 철새
지리적 분포 유라시아와 북미 대륙의 아한대 지역에서 번식. 우리나라의 속초와 고성의 앞바다, 낙동강 하구, 진도 등지에서 월동
서식지 하구, 바다, 호수 및 저수지
몸길이 55센티미터
형태 두 갈래로 나눠진 뾰족한 댕기를 가지고 있고 눈은 붉은색이다. 수컷의 머리에는 녹색 광택이 있는 깃털이 있으며, 목에는 흰색의 테가 있다. 가슴에는 갈색 바탕에 검은 반점이 있다. 더벅머리 같은 암컷의 머리는 갈색이고 가슴은 회갈색, 멱은 회색이다.
생태 둥지는 나무 구멍을 이용한다. 때로는 인공 새집을 이용하기도 한다. 먹이는 물고기, 수서 곤충, 새우 등이다.

바다쇠오리
학명 *Synthliboramphus antiquus*
영어명 Ancient Murrelet
북한명 해작
분류 기러기목 바다오릿과
이동성 겨울 철새, 텃새
지리적 분포 북태평양 연안에서 번식
서식지 섬, 바다
몸길이 25.5센티미터
형태 부리는 짧고 희게 보인다. 여름에 머리는 검은색이며 눈 뒤에서 목덜미까지 흰색의 줄이 있다. 겨울에는 눈 뒤와 목덜미의 흰 줄무늬가 없어지며 멱이 흰색이다.
생태 항상 해상에서 생활하며 무리를 이루어 파도가 잔잔한 해상에서 먹이를 찾는다. 섬의 초지 및 암초 등지에서 집단으로 번식하고, 둥지는 초지에 얕은 구멍을 파서 만들거나 바위틈을 이용해 만든다. 작은 물고기, 갑각류, 조개 등을 먹는다.
☞ 112, 122, 194

바다직박구리
학명 *Monticola solitarius*
영어명 Blue Rock Thrush
북한명 바다찍바구리
분류 참새목 지빠귓과
이동성 텃새
지리적 분포 유라시아 대륙의 온대 지역과 아열대 지역에 분포. 우리나라 해안가와 일부 내륙 지역에 분포
서식지 섬, 해안
몸길이 25.5센티미터
형태 수컷은 이마에서 위꼬리덮깃까지 어두운 푸른색이며 이마와 목덜미 사이의 깃털 끝은 검은색이다. 암컷의 배는 어두운 갈색이며 회갈색의 반점이 있다.
생태 해안의 암초, 바위 절벽, 구릉지 등에서 주로 생활하며 암초의 틈, 건축물의 틈에 가는 뿌리나 마른 풀을 이용하여 밥그릇 모양의 둥지를 만든다.

박새
학명 *Parus major*
영어명 Great Tit
북한명 박새
분류 참새목 박샛과
이동성 텃새
지리적 분포 유라시아 대륙의 온대 지역
서식지 산림, 평지 숲
몸길이 14센티미터
형태 정수리와 목은 검은색이고 뺨은 흰색이다. 배 가운데에는 검은색 세로줄이 긴 넥타이 모양으로 있으며 수컷은 암컷보다 검은색의 폭이 넓다. 날개는 어두운 회색으로 한 개의 흰색 띠가 있다.
생태 번식기에 암수가 함께 세력권을 형성한다. 비번식기에는 박새류와 쇠딱따구리, 동고비와 무리를 형성하기도 한다. 둥지는 나무 구멍, 돌담의 틈, 건물의 틈을 주로 이용하며 인공 새집도 잘 이용한다. 주로 곤충을 먹으며 식물의 씨앗이나 열매도 먹는다.
☞ 147

발구지
학명 *Anas querquedula*
영어명 Garganey
북한명 알락발구지
분류 기러기목 오릿과
이동성 나그네새, 겨울 철새
지리적 분포 유라시아 대륙의 온대 및 아한대 지역
서식지 하구, 하천, 해안, 내륙 습지
몸길이 38센티미터
형태 부리는 검은색이며 수컷의 머리는 어두운 밤색, 등과 가슴은 흑갈색이다. 흰색의 눈썹선이 뚜렷하다. 암컷은 쇠오리와 유사하나 흰 눈썹선과 검은색 눈선, 부리 기부의 흰색 점이 더 뚜렷하다.
생태 둥지는 물가 습지의 풀숲이나 숲 속의 땅 위에 풀을 이용하여 만든다. 벼, 풀씨, 수서 곤충, 갑각류 등을 먹는다.

방울새
- **학명** *Carduelis sinica*
- **영어명** Oriental Greenfinch
- **북한명** 방울새
- **분류** 참새목 되샛과
- **이동성** 텃새
- **지리적 분포** 만주 동북부, 우수리 강 유역, 우리나라
- **서식지** 농경지, 산림, 공원
- **몸길이** 14센티미터
- **형태** 수컷의 머리와 가슴은 갈색을 띤 녹색이며 날개깃은 검은색이고 날개덮깃은 갈색이다. 바깥꼬리깃의 기부와 날개깃에는 뚜렷한 노란색의 띠가 있다. 암컷은 수컷과 비슷하나 녹색보다 갈색이 더 많다. 부리와 다리는 진한 연주황색이다.
- **생태** 번식 후에 무리로 생활한다. 둥지는 낙엽송이나 침엽수의 가지 위에 나무껍질, 종이, 이끼 등을 엮어서 밥그릇 모양으로 만든다. 먹이는 식물성이 대부분이다. 그러나 곤충을 먹기도 한다.

백할미새
- **학명** *Motacilla lugens*
- **영어명** Black-backed Wagtail
- **북한명** 백할미새
- **분류** 참새목 할미샛과
- **이동성** 겨울 철새
- **지리적 분포** 유라시아 대륙에 분포. 우리나라 남해 연안, 제주도 등지에서 월동
- **서식지** 도시의 하천, 농경지, 하구
- **몸길이** 21센티미터
- **형태** 겨울에 암수 모두 이마에서 정수리까지 흰색이며, 뒤통수와 목덜미는 검은색이다. 등과 허리 윗부분은 회색이며, 허리 아래와 위꼬리덮깃은 검은색이다. 부리는 검은색, 다리는 갈색을 띤 검은색이다.
- **생태** 암수 함께 지상에서 걸어 다니며 먹이를 먹고 뛰는 경우는 거의 없다. 둥지는 바위 틈, 물가 벼랑의 움푹 파인 곳 등에 식물의 줄기, 마른 잎을 이용해서 밥그릇 모양으로 만든다.

북방검은머리쑥새
- **학명** *Emberiza pallasi*
- **영어명** Pallas's Reed Bunting
- **북한명** 북멧새
- **분류** 참새목 멧샛과
- **이동성** 겨울 철새
- **지리적 분포** 시베리아 중앙 및 동부, 만주 중앙 및 북부, 일본, 우리나라, 중국 북부와 동부 등지에서 월동
- **서식지** 하천의 갈대밭, 농경지
- **몸길이** 14센티미터
- **형태** 수컷 머리는 검은색으로 검은머리쑥새와 유사하지만, 검은머리쑥새와는 달리 몸의 윗면에 적갈색이 없고 허리는 우윳빛이다. 겨울깃은 암컷과 유사하나 검은색이 남아 있기도 한다. 암컷의 머리와 뺨은 갈색이며 눈썹선은 엷은 흰색이다.
- **생태** 우리나라 전역의 하구의 갈대밭과 농경지에 겨울철에 무리를 지어 월동한다.
- ☞ 164, 277

붉은발도요
- **학명** *Tringa totanus*
- **영어명** Redshank
- **북한명** 붉은발도요
- **분류** 도요목 도욧과
- **이동성** 나그네새, 여름 철새
- **지리적 분포** 유라시아 대륙의 온대 지역
- **서식지** 우리나라 전역의 해안, 하천
- **몸길이** 28센티미터
- **형태** 다리와 부리의 기부가 붉은색이고, 부리 끝 부분은 검은색이다. 여름에 몸 윗면은 어두운 갈색이고 머리, 목, 몸 아랫면에 갈색 줄무늬가 있다. 겨울에 몸 윗면은 회갈색이며 배에는 줄무늬가 없다.
- **생태** 해안에서 다른 도요류와 함께 머리와 몸을 위아래로 흔들면서 먹이를 찾는다. 집단 번식을 하기도 하며 둥지는 하천과 호숫가의 초원이나 툰드라 지대의 오목한 곳에 만든다. 먹이는 곤충, 연체동물, 갑각류, 지렁이 등이다.
- ☞ 112, 118

붉은배새매 [천연]
- **학명** *Accipiter soloensis*
- **영어명** Chinese Sparrowhawk
- **북한명** 붉은배새매
- **분류** 매목 수릿과
- **이동성** 여름 철새
- **지리적 분포** 만주 남부에서 중국 광둥 성, 우리나라, 대만 등지까지 넓게 분포. 필리핀, 인도네시아, 말레이 반도 등지에서 월동
- **서식지** 산림, 농경지, 하천
- **몸길이** 수컷 30센티미터, 암컷 33센티미터
- **형태** 몸 윗면은 청회색이며, 가슴은 흐린 주황색, 아랫배는 흰색이다. 수컷의 가슴과 배에는 흐린 분홍빛이 감도는 갈색의 무늬가 있는데 암컷보다 밝게 보인다.
- **생태** 둥지는 참나무나 소나무의 나뭇가지 위에 만들고 내부에 나뭇잎을 깐다. 흰색의 알을 4개 정도 낳으며 19일 동안 품는다. 개구리와 매미, 박새, 붉은머리오목눈이 등을 먹는다.

붉은부리갈매기
- **학명** *Larus ridibundus*
- **영어명** Black-headed Gull
- **북한명** 붉은부리갈매기
- **분류** 도요목 갈매깃과
- **이동성** 겨울 철새
- **지리적 분포** 유라시아 대륙의 온대과 아한대 지역
- **서식지** 하구, 하천
- **몸길이** 40센티미터
- **형태** 날개 윗면은 흐린 회색이다. 여름에 머리는 밤색, 부리와 다리는 진한 붉은색이다. 겨울에 머리는 흰색이고 귀깃 부분에 검은색 반점이 있다.
- **생태** 물갈퀴로 헤엄을 친다. 해안의 모래밭, 습지, 초지 등지에서 집단으로 번식하고 둥지는 땅 위의 움푹 파인 곳에 만든다. 어류, 곤충과 거미, 조류의 알 및 음식물 찌꺼기를 먹는다.
- ☞ 170, 210, 242

붉은어깨도요
학명 *Calidris tenuirostris*
영어명 Great Knot
북한명 붉은어깨도요
분류 도요목 도욧과
이동성 나그네새
지리적 분포 시베리아 동북부의 한대 지역, 오호츠크 해 연안에 분포. 우리나라, 일본, 대만, 동남아시아에서 월동
서식지 하구, 갯벌
몸길이 29센티미터
형태 여름에는 가슴 부근에 검은색의 굵은 점이 밀집되어 가슴이 검게 보인다. 또 어깨깃에 붉은 갈색의 점이 있는 것을 볼 수 있다. 겨울에 몸 윗면은 회색이며 가슴에 검은색의 가는 줄무늬가 있다.
생태 해안의 간척지, 하구의 삼각주 등에서 무리를 지어 먹이를 찾는다. 부리를 수직으로 땅에 대고 갑각류, 조개, 지렁이 등을 찾아 먹는다. 둥지는 이끼가 낀 오목한 곳에 만든다.

뻐꾸기
학명 *Cuculus canorus*
영어명 Common Cuckoo
북한명 뻐꾸기
분류 두견이목 두견과
이동성 여름 철새
지리적 분포 시베리아 동부, 사할린, 중국 북부, 우리나라, 일본 등지에서 번식. 중국 남부, 동남아시아 등지에서 월동
서식지 농경지, 산림
몸길이 35센티미터
형태 윗면은 균일한 회색이며 날개 끝과 꽁지는 검다. 배에 가는 줄무늬가 있고 눈은 노란색이다. 간혹 암컷의 가슴에 갈색 깃이 나타나기도 한다. 또 윗면이 적갈색이며 검은색의 가로 줄무늬가 있는 암컷이 발견되기도 한다.
생태 붉은머리오목눈이, 때까치, 개개비, 멧새, 촉새, 노랑할미새, 검은지빠귀 등의 둥지에 알을 낳아 새끼를 기르게 한다.

뿔논병아리
학명 *Podiceps cristatus*
영어명 Great Crested Grebe
북한명 뿔농병아리
분류 논병아리목 논병아릿과
이동성 텃새, 겨울 철새
지리적 분포 유라시아 대륙의 온대 지역에 번식. 우리나라의 연안과 남해안 일대에서 월동
서식지 하천, 호수
몸길이 49센티미터
형태 긴 목과 머리에 있는 검은색의 뿔깃이 특징이다. 여름에 귀깃 부분이 적갈색이며 머리와 목의 경계는 검은색이다. 부리는 거무스름한 분홍색이다. 겨울에 얼굴과 목은 흰색이다.
생태 수영과 잠수 능력이 뛰어나 호수, 하천, 해상에서 수상 생활을 한다. 둥지는 호수나 습지의 갈대밭에 수초를 이용하여 뗏목 모양으로 만든다. 어류, 양서류, 곤충 등을 즐겨 먹는다.
☞ 69, 114, 170

산솔새
학명 *Phylloscopus coronatus*
영어명 Eastern Crowned Willow Warbler
북한명 산솔새
분류 참새목 휘파람샛과
이동성 여름 철새
지리적 분포 만주, 우리나라, 일본 등지에서 번식. 인도네시아, 말레이 반도, 수마트라, 자바 등지에서 월동
서식지 산림, 공원
몸길이 12.5센티미터
형태 몸의 윗면은 올리브색이며 아랫면은 흰색이다. 정수리는 탁한 녹색이며 얕은 녹색의 머리중앙선이 있다. 옆구리는 다소 회색을 띠며, 배의 중앙은 누런색을 띠고 있다. 다리는 갈색이다.
생태 낙엽 활엽수림에서 번식하며 단독 또는 암수가 함께 생활한다. 번식기에는 일정한 세력권을 형성하며 땅 위, 절벽의 움푹 파인 곳에 이끼류, 나무껍질, 낙엽 등을 이용해서 둥근 둥지를 만든다.

삼광조 [보호]
학명 *Terpsiphone atrocaudata*
영어명 Black Paradise Flycatcher
북한명 삼광조
분류 참새목 까치딱샛과
이동성 여름 철새
지리적 분포 일본과 우리나라에서 번식. 중국 동부와 대만을 거쳐 중국 남부, 인도차이나, 말레이 반도 수마트라 등지에서 월동
서식지 산림
몸길이 수컷 45센티미터, 암컷 18센티미터
형태 부리와 눈테는 파란색, 배는 흰색이다. 수컷의 꽁지는 검고 길다. 등과 날개는 어두운 갈색이다. 암컷은 등과 날개, 꽁지가 갈색이다.
생태 평지나 낮은 산지의 어두운 숲에서 교목의 작은 가지에 나무껍질과 풀로 컵 모양의 둥지를 만든다. 흰색 알에 적갈색 바탕에 옅은 자주색 얼룩점이 있는 알을 3~5개 낳는다. 공중에서 날벌레를 잡아먹는다.
☞ 297

상모솔새
학명 *Regulus regulus*
영어명 Goldcrest
북한명 금상모박새
분류 참새목 휘파람샛과
이동성 겨울 철새
지리적 분포 만주 북부, 사할린, 일본 등지에서 번식
서식지 산림
몸길이 9센티미터
형태 겨울에 암수 모두 눈앞과 좁은 앞이마가 우중충한 흰색이다. 등은 올리브색이고 정수리는 노란색이다. 날개는 검은색이며 흰색 띠가 있다. 부리는 검은 갈색이며 다리는 갈색이다. 수컷은 가장자리가 검은 오렌지색 반점이 있다.
생태 보통 아고산대의 침엽수림에서 암수가 함께 생활한다. 둥지는 침엽수의 가지 끝 가까이의 나뭇잎 사이에 만드는데 둥지 위쪽이 가지와 잎으로 덮여 있어 잘 보이지 않는다.

새호리기 보호
학명 *Falco subbuteo*
영어명 Eurasian Hobby
북한명 검은조롱이
분류 매목 맷과
이동성 여름 철새
지리적 분포 아프리카 대륙의 북부 해안과 유라시아 대륙의 아한대에서 온대 지역까지 넓게 분포
서식지 산림, 농경지, 하천
몸길이 수컷 33.5센티미터, 암컷 35센티미터
형태 몸 윗면은 어두운 흑갈색이고 아랫배와 아래꼬리덮깃은 붉은색이다. 수컷은 암컷보다 가슴 부분이 밝게 보인다. 부리는 회색으로 끝이 진하며 다리는 누런색이다.
생태 평지의 작은 숲에서 서식한다. 둥지는 직접 만들지 않고 나무 위에 있는 다른 새의 둥지를 이용한다. 알은 엷은 황갈색 바탕에 적갈색의 작은 얼룩무늬가 있다. 조류, 잠자리 등을 먹는다.
☞ 294

세가락도요
학명 *Calidris alba*
영어명 Sanderling
북한명 세가락도요
분류 도요목 도욧과
이동성 겨울 철새, 나그네새
지리적 분포 북극권에서 번식
서식지 갯벌, 하구
몸길이 20센티미터
형태 여름에 머리, 등, 가슴은 밤색이며 검은색 줄무늬가 있다. 겨울에는 몸의 윗면이 엷은 회색, 부리와 다리가 검은색이고 이마, 귀깃, 뺨, 턱밑, 멱은 흰색이다.
생태 해안, 간척지, 하구의 삼각주 등에 무리를 이루어 생활한다. 둥지는 툰드라의 풀이 우거진 땅 위 오목한 곳에 만든다. 엷은 녹갈색 또는 황갈색 바탕에 어두운 갈색과 회색의 얼룩점이 있는 알을 4개 정도 낳는다. 갑각류, 작은 물고기, 조개, 지렁이, 곤충 등을 먹는다.

소쩍새 천연
학명 *Otus Scops*
영어명 Oriental Scops Owl
북한명 접동새
분류 올빼미목 올빼밋과
이동성 흔치 않은 텃새, 나그네새
지리적 분포 유라시아 대륙 남부, 아프리카 대륙, 인도 등지에서 번식
서식지 산림, 공원
몸길이 20센티미터
형태 올빼미목의 조류 중 가장 작다. 회갈색의 몸에 가로줄이 섞인 세로 줄무늬가 있으며 긴 귀깃이 있다. 큰소쩍새와 유사하나 작은 크기와 노란색의 눈으로 쉽게 구별된다.
생태 산지의 숲 속에 서식하며 낮에는 숲 속의 나뭇가지에서 잠을 자고, 저녁부터 활동하는 야행성이다. 소리 없이 날개를 펄럭거리며 날고, 둥지는 나무 구멍을 이용한다. 5월 상순과 6월 중순 사이에 흰색의 알을 4~5개 낳는다. 곤충과 거미를 먹는다.
☞ 110

솔개 보호
학명 *Milvus migrans*
영어명 Black Kite
북한명 소리개
분류 매목 수릿과
이동성 겨울 철새
지리적 분포 유라시아 대륙의 아한대 이남 지역과 아프리카 대륙 일부에서 번식
서식지 해안가 산림, 하구
몸길이 수컷 58.5센티미터, 암컷 68.5센티미터
형태 M자형 꽁지와 날개 아랫면의 흰 점이 가장 큰 특징이다. 어두운 갈색의 몸에 밝은 갈색의 세로 줄무늬가 많다.
생태 둥지는 산림의 교목 가지 위에 나뭇가지를 이용하여 접시 모양으로 만들며 자신의 털, 실, 휴지, 신문지 등을 깔기도 한다. 죽은 동물, 개구리, 파충류, 곤충 등을 먹는다.
☞ 69, 294

솔딱새
학명 *Muscicapa sibirica*
영어명 Sooty Flycatcher
북한명 솔딱새
분류 참새목 딱샛과
이동성 흔치 않은 나그네새
지리적 분포 히말라야 부근, 동아시아의 고산 지대에서 번식
서식지 산림
몸길이 13.5센티미터
형태 쇠솔딱새와 비슷하나 가슴과 옆구리의 회갈색이 더 짙고 날개의 흰 줄도 더 뚜렷하다. 등은 회갈색이다. 흰색의 눈테가 있다.
생태 단독으로 또는 암수가 함께 나무 위에서 생활하며 땅 위로 내려오는 경우는 드물다. 나무꼭대기에서 움직이지 않고 앉아 있다가 곤충이 접근해 오면 잡아먹은 후에 다시 원위치로 되돌아가는 습성이 있다. 둥지는 나뭇가지 위에 나무 껍질, 이끼, 나뭇가지 등을 섞어 밥그릇 모양으로 만든다. 곤충과 거미를 먹는다.

솔부엉이 천연
학명 *Ninox scutulata*
영어명 Brown Hawk Owl
북한명 솔부엉이
분류 올빼미목 올빼밋과
이동성 흔치 않은 여름 철새
지리적 분포 중국 동부, 인도, 동남아시아의 도서 지역에서 번식
서식지 평지와 산지의 낙엽 활엽수림, 인가 부근의 숲, 도시의 공원
몸길이 29센티미터
형태 짙은 밤색의 등과 선명한 노란색 눈을 가지고 있으며 귀깃이 없다. 가슴과 배에는 뚜렷하고 굵은 세로 줄무늬가 있고 긴 꽁지에는 가로 줄무늬가 있다.
생태 낮에도 활동을 하지만 밤에 더 활발히 활동한다. 둥지는 나무 구멍이나 인공 새집을 이용하며 5~7월에 흰색 알을 3~5개 낳아 25일 동안 품는다. 곤충, 박쥐, 작은 조류 등을 먹는다.
☞ 294

송곳부리도요
학명 *Limicola falcinellus*
영어명 Broad-billed Sandpiper
북한명 송곳부리도요
분류 도요목 도욧과
이동성 나그네새
지리적 분포 유라시아 대륙의 한대 지역에서 번식
서식지 하구, 염전
몸길이 17센티미터
형태 암수 모두 여름에 이마에서 목덜미까지와 허리, 위꼬리덮깃은 검은색이고 가장자리는 적갈색이다. 부리는 길고 끝 부분이 아래로 휘어져 있다. 두 개의 흰색 눈썹선이 특징적이며 연중 볼 수 있다. 겨울에 몸 윗면은 회색이다.
생태 우리나라에서는 해안의 간척지, 하구의 삼각주, 염전 등지에서 볼 수 있다. 건조한 초지의 오목하게 파인 곳에 접시 모양의 둥지를 만든다. 곤충, 지렁이, 조개, 갑각류, 열매 등을 먹는다.

쇠기러기
학명 *Anser albifrons*
영어명 White-fronted Goose
북한명 쇠기러기
분류 기러기목 오릿과
이동성 겨울 철새
지리적 분포 유라시아와 북미 대륙의 일부 한대 지역에서 번식
서식지 저수지, 낙동강 하구, 주남저수지
몸길이 72센티미터
형태 부리는 분홍색이며, 이마는 선명한 흰색이다. 회갈색 배에는 불규칙한 검은색 가로 줄무늬가 있다. 부리와 다리는 붉은색을 띤 연주황색부터 흐린 오렌지색에 이르기까지 다양하다.
생태 잠을 잘 때에는 머리를 뒤로 돌려 등의 깃털에 파묻고 한쪽 다리로만 서 있거나 배를 땅에 대고 있다. 번식지는 툰드라, 하천의 섬, 늪이나 연못 근처의 풀숲이며 접시 모양으로 둥지를 만든다. 흰색 알을 6~7개 낳고 풀잎, 줄기, 뿌리 등을 먹는다.
☞ 50, 234

쇠딱따구리
학명 *Dendrocopos kizuki*
영어명 Japanese Pygmy Woodpecker
북한명 쇠딱따구리
분류 딱따구리목 딱따구릿과
이동성 텃새
지리적 분포 중북 동북부, 우수리, 사할린, 우리나라 등지에서 번식
서식지 전국의 산림과 평지의 숲
몸길이 15센티미터
형태 크기가 가장 작은 딱따구리이다. 어두운 갈색의 머리에 흰색의 눈썹선과 뺨선이 있다. 등에는 흰색의 가로 줄무늬, 배와 옆구리에는 갈색의 세로 줄무늬가 뚜렷하며 귀깃은 어두운 갈색이다. 부리는 원추형으로 단단하며 푸른빛을 띤 회색이다.
생태 나무줄기를 부리 끝으로 쪼아 구멍을 만들고 긴 혀를 이용하여 곤충을 잡아먹는다. 둥지는 나무줄기에 구멍을 파서 직접 만들고, 흰색의 알을 5~7개 낳는다.

쇠뜸부기사촌
학명 *Porzana fusca*
영어명 Ruddy Crake 또는 Ruddy-breasted Crake
북한명 붉은물병아리
분류 두루미목 뜸부깃과
이동성 흔치 않은 여름 철새
지리적 분포 아시아의 온대 지역에서 열대 지역에 걸쳐 번식
서식지 논, 하천, 저수지의 갈대밭과 습지
몸길이 23센티미터
형태 몸 윗면은 어두운 갈색이고, 아랫면은 적갈색이며 턱 밑은 흰색이다. 아래꼬리덮깃은 어두운 갈색 또는 검은색이고 가느다란 흰색의 가로줄이 섞여 있다. 다리는 붉은색이다.
생태 수면에 떠 있는 수초 위를 걸어 다니거나 머리를 앞뒤로 흔들면서 물 위를 헤엄쳐 다닌다. 풀숲의 땅 위에 식물의 잎과 줄기로 접시 모양의 둥지를 만든다. 알은 우윳빛이 도는 갈색으로 적갈색과 쥐색의 얼룩이 많다. 곤충, 양서류, 열매 등을 먹는다.
☞ 280

쇠물닭
학명 *Gallinula chloropus*
영어명 Moorhen 또는 Common Gallinule
북한명 물닭
분류 두루미목 뜸부깃과
이동성 여름 철새, 텃새
지리적 분포 전 세계의 온대 지역에서 열대 지역에 걸쳐 번식
서식지 우리나라 전역의 저수지, 하천, 하구 등의 갈대밭과 습지
몸길이 32.5센티미터
형태 몸 전체가 검은색이고 액판이 붉은색이며 옆구리에 흰색 점들이 있다. 다리는 노란색이다.
생태 갈대와 물풀이 무성한 곳에서 주로 풀줄기 사이에 숨어 지낸다. 넓은 물에서 헤엄치거나 풀 위를 걸어 다니면서 먹이를 찾는다. 둥지는 물가의 수초가 우거진 곳, 물 위에 떠 있는 수초에 마른 풀과 잎을 쌓아 올려 접시 모양으로 만든다. 곤충, 연체동물, 갑각류, 씨앗 등을 먹는다.
☞ 100, 105, 117, 224, 299

쇠박새
학명 *Parus palustris*
영어명 Marsh Tit
북한명 굵은부리박새
분류 참새목 박샛과
이동성 텃새
지리적 분포 유라시아 대륙의 온대, 아한대 지역에 널리 분포
서식지 우리나라 전역의 산림과 평지의 숲, 공원
몸길이 12.5센티미터
형태 정수리는 광택이 있는 검은색이다. 윗면은 연한 회색으로 날개에 흰 줄이 없다. 배는 회색을 띤 흰색이다.
생태 번식기에는 암수가 함께 생활하지만 번식 후에는 진박새, 동고비와 무리를 이뤄 생활한다. 둥지는 소나무의 나무 구멍이나 딱따구리가 뚫어 놓은 구멍을 이용하며, 드물게 직접 둥지를 파기도 한다. 흰색 바탕에 적갈색의 작은 얼룩점이 있는 알을 7~8개 낳는다. 곤충, 거미, 열매 등을 먹는다.

쇠백로
학명 *Egretta garzetta*
영어명 Little Egret
북한명 쇠백로
분류 황새목 백로과
이동성 텃새
지리적 분포 구북구와 호주 등 열대와 온대 지역에 걸쳐 번식
서식지 하천, 하구, 갯벌, 호수 및 저수지, 논과 내륙 습지
몸길이 61센티미터
형태 가는 부리와 다리는 검은색이다. 하지만 발은 노란색이다. 여름에는 머리에 두 가닥의 긴 장식깃이 있으며 목과 등에도 장식깃이 발달한다. 눈앞은 노란색이나 녹색이지만 붉은색을 띠는 경우도 있다. 겨울에 장식깃이 없으며 부리 기부가 연주황색을 띤다.
생태 번식은 중대백로, 황로와 함께 집단으로 하며 소나무, 참나무 등의 높은 가지에 엉성하게 접시 모양으로 둥지를 만든다. 얕은 물에서 물고기를 잡아먹는다.
☞ 182

쇠솔딱새
학명 *Muscicapa dauurica*
영어명 Asian Brown Flycatcher
북한명 쇠솔딱새
분류 참새목 딱샛과
이동성 나그네새
지리적 분포 히말라야 부근과 우수리 강 유역, 중국 동북부에서 번식
서식지 평지와 산림의 밝은 숲, 개활지
몸길이 13센티미터
형태 등은 갈색을 띤 흐린 회색이며 흰색의 눈테가 있다. 배와 가슴은 흰색이지만 가슴에는 희미한 회색 줄무늬가 있다. 날개의 흰색 줄은 불명확하여 야외에서는 잘 보이지 않는다.
생태 나무 위에서 살고 나무꼭대기에 앉아 있다가 날아다니는 곤충을 잡아먹은 후 원위치로 되돌아온다. 둥지는 침엽수나 활엽수의 가지 위에 다량의 이끼류와 새의 깃털, 나무껍질 등을 섞어 거미줄로 서로 교착시켜 밥그릇 모양으로 만든다. 곤충을 먹는다.

쇠오리
학명 *Anas crecca*
영어명 Green-winged Teal
북한명 되강오리
분류 기러기목 오릿과
이동성 겨울 철새
지리적 분포 북반부 북쪽에서 널리 번식
서식지 해안, 하천, 하구, 저수지 및 인접한 습지와 농경지
몸길이 38센티미터
형태 수컷의 머리는 적갈색이고 눈에서 목덜미까지는 어두운 녹색이다. 몸의 옆면에는 흰색의 가로줄이 있다. 둘째날개깃은 광택이 나는 녹색이다.
생태 낮에는 해상, 간척지 등 안전한 곳에서 무리를 이루어 휴식하고 밤에 논, 밭, 습지에서 먹이를 먹는다. 둥지는 물가 풀숲의 땅 위에 마른 풀을 엮어서 만들고 녹색을 띤 황갈색 알을 8~10개 낳는다. 작은 식물의 열매, 수초의 잎과 줄기, 작은 연체동물 등을 먹는다.

쇠제비갈매기
학명 *Sterna albifrons*
영어명 Little Tern
북한명 쇠갈매기
분류 도요목 갈매깃과
이동성 나그네새, 여름 철새
지리적 분포 전 세계의 열대 및 온대 지역에서 널리 번식
서식지 해안, 하천의 모래밭, 자갈밭
몸길이 24센티미터
형태 여름에 이마는 흰색이고 머리 윗부분과 목덜미는 검은색이며 검은색의 눈선이 있다. 부리는 노란색이며 끝 부분은 검은색이다. 겨울에 이마에서 정수리까지는 흰색이며 부리는 검은색이다.
생태 둥지는 해안의 모래밭이나 자갈밭에 땅을 파서 만든다. 잿빛 흰색 바탕에 어두운 갈색의 얼룩이 있는 알을 2~3개 낳는다. 작은 물고기를 즐겨 먹는다.
☞ 78, 112, 122

쇠찌르레기
학명 *Sturnus philippensis*
영어명 Violet-backed Starling
북한명 붉은뺨쇠찌르러기
분류 참새목 찌르레깃과
이동성 흔치 않은 여름 철새
지리적 분포 사할린 남부와 홋카이도를 포함한 일본 북부에 분포
서식지 산림과 평지의 숲
몸길이 19센티미터
형태 수컷의 머리와 멱은 흰색이고 뺨은 적갈색이다. 등은 자주색 광택을 띤 흑갈색이다. 배는 회백색이며 날개에는 흰색 띠가 있다. 암컷의 머리는 엷은 갈색이며 뺨에 적갈색 반점이 없다. 배는 회갈색이다. 부리는 암수 모두 검은색이고 다리는 올리브색이다.
생태 번식기에 암수가 함께 생활하고 번식 후 무리를 짓는다. 둥지는 나무 구멍, 건축물의 틈, 딱따구리의 옛 둥지, 인공 새집 등을 이용한다. 곤충, 거미, 벚나무의 열매 등을 먹는다.

쇠황조롱이 [보호]
학명 *Falco columbarius*
영어명 Merlin
북한명 쇠조롱이
분류 매목 맷과
이동성 흔치 않은 겨울 철새
지리적 분포 북반구의 아한대 지역에서 번식
서식지 저지대와 평지의 농경지, 하천 및 하구 주변의 개활지 등
몸길이 수컷 29센티미터, 암컷 33센티미터
형태 수컷은 주황색의 뺨과 목덜미를 제외한 윗면 전체가 청회색이다. 암컷은 윗면 전체가 적갈색이며 꽁지에는 어두운 갈색의 넓은 띠가 여러 개 있다. 암수 모두 눈썹선이 있으며 꽁지가 짧다.
생태 둥지는 관목이 있는 황무지, 해안의 벼랑에 나뭇가지나 이끼류를 이용하여 만들거나 까마귀의 옛 둥지를 이용하기도 한다. 흰색 바탕에 적갈색의 얼룩점이 있는 알을 4개 정도 낳는다. 조류, 곤충 등을 먹는다.
☞ 296

수리부엉이 천연 보호
- 학명 *Bubo bubo*
- 영어명 Eurasian Eagle Owl
- 북한명 수리부엉이
- 분류 올빼미목 올빼밋과
- 이동성 흔치 않은 텃새
- 지리적 분포 구북구의 전역에 넓게 분포
- 서식지 절벽이 있는 산악 지역, 겨울에는 저지대의 산림과 평지
- 몸길이 66센티미터
- 형태 몸집이 크고 긴 귀깃을 가지고 있다. 눈은 노란색이며 다리와 발가락은 황갈색 깃털로 덮여 있다. 부리와 발톱은 검은색이다.
- 생태 산림보다 바위산에서 생활하며 어두워지면 활동하는 야행성이다. 직립 자세로 날개를 접고 나뭇가지나 바위 위에 앉는다. 꿩, 산토끼, 쥐를 주로 먹으며 개구리, 뱀 등도 먹는다.
- ☞ 293

스윈호오목눈이
- 학명 *Remiz pendulinus*
- 영어명 Chinese Penduline Tit
- 북한명 곧은부리박새
- 분류 참새목 스윈호오목눈잇과
- 이동성 흔치 않은 겨울 철새
- 지리적 분포 극동 러시아와 중국 북동부에서 번식. 우리나라와 중국 동부, 일본 등지에서 월동
- 서식지 하천, 하구, 해안의 습지와 갈대밭
- 몸길이 11센티미터
- 형태 수컷의 정수리는 회색이며, 검은색의 넓은 눈선이 있다. 등은 밤색이며, 날개와 꽁지는 검은색이다. 암컷의 머리와 눈선은 연한 갈색이다. 가슴은 우윳빛이며 배와 옆구리는 연한 갈색을 띤 우윳빛이고 허리는 노란색을 띤 연한 갈색이다.
- 생태 개활지와 습지 주변, 특히 갈대밭 등에서 서식하는 소형 조류이다. 무리로 생활하는 경우가 많다.

쑥새
- 학명 *Emberiza rustica*
- 영어명 Rustic Bunting
- 북한명 뿔멧새
- 분류 참새목 멧샛과
- 이동성 겨울 철새
- 지리적 분포 유라시아 대륙의 아한대 지역
- 서식지 농경지 주변의 덤불과 저지대의 낙엽 활엽수림, 혼합림
- 몸길이 15센티미터
- 형태 짧은 머리깃과 귀깃의 흰 점이 특징이다. 허리가 밤색이고 깃 가장자리가 누런색이라 독특한 얼룩무늬를 형성한다. 여름에 수컷의 정수리와 뺨은 검은색이고, 눈썹선과 멱과 배는 흰색이며, 등은 밤색에 검은색 줄무늬가 있다. 겨울에는 수컷의 정수리와 뺨이 탁해지며, 아랫면의 줄무늬도 더 연해진다.
- 생태 둥지는 습지 가까이 잡목림의 땅 위, 관목의 가지 위에 밥그릇 모양으로 만든다. 곤충과 꽃을 피우는 식물의 씨앗을 먹는다.

아물쇠딱따구리 보호
- 학명 *Dendrocopos canicapillus*
- 영어명 Grey-capped Woodpecker
- 북한명 검은등쇠오색딱따구리
- 분류 딱따구리목 딱따굿과
- 이동성 흔치 않은 텃새
- 지리적 분포 만주 동남부, 우리나라 중부 이북에 주로 분포
- 서식지 울창한 산림 지역, 겨울에는 저지대와 평지의 산림, 공원
- 몸길이 16센티미터
- 형태 등 가운데의 흰색 무늬가 뚜렷하다. 흰색의 가슴과 배에는 갈색 세로 줄무늬가 있다. 수컷은 뒤통수에 작은 붉은색 깃이 있으나 야외에서는 잘 보이지 않는다.
- 생태 산림 지대에 서식하나 겨울에는 저지대와 평지로 이동한다. 곤충을 주로 먹는다.

알락꼬리마도요 보호
- 학명 *Numenius madagascariensis*
- 영어명 Far Eastern Curlew
- 북한명 알락꼬리마도요
- 분류 도요목 도욧과
- 이동성 나그네새
- 지리적 분포 우수리, 캄차카 반도 등 유라시아 대륙의 동북부
- 서식지 해안, 갯벌, 하구
- 몸길이 63센티미터
- 형태 암수 모두 머리, 목덜미는 어두운 갈색이며 가장자리는 녹슨 듯한 붉은색이다. 부리는 길고 아래로 휘어져 있으며, 수컷의 부리가 암컷보다 짧다. 날개의 아랫면에는 갈색의 가는 줄무늬가 빽빽하다.
- 생태 마도요와 함께 무리를 이룬다. 갯벌이나 얕은 물속을 걸으면서 긴 부리를 진흙 속에 넣어 게를 잡아먹는다. 잡은 게는 다리를 떼어 내고 몸통만 먹는다. 둥지는 산지의 초지나 툰드라 지대의 땅 위 오목한 곳에 만든다. 갑각류, 조개, 작은 어류 등을 먹는다.
- ☞ 148

알락도요
- 학명 *Tringa glareola*
- 영어명 Wood Sandpiper
- 북한명 알락도요
- 분류 도요목 도욧과
- 이동성 나그네새
- 지리적 분포 유라시아 대륙의 아한대에서 한대 지역에 걸쳐 널리 번식
- 서식지 하천과 하구, 내륙의 저수지와 습지
- 몸길이 20센티미터
- 형태 눈썹선은 흰색으로 뚜렷하고, 다리는 노란색이다. 꽁지에는 어두운 갈색의 가는 줄무늬가 있다. 여름에 몸 윗면에는 흰색의 반점이 뚜렷하다. 겨울에 몸 윗면은 갈색을 띠며 흰색의 반점이 선명하지 않다.
- 생태 물가와 습지에 작은 무리로 도래한다. 번식기에 하늘 높이 떠올라 원을 그리면서 비상하며 매우 시끄럽게 운다. 둥지는 나뭇가지 위에 있는 지빠귀나 때까치의 옛 둥지를 이용하며, 때로는 물가의 풀숲에 만들기도 한다. 곤충, 거미, 작은 조개 등을 먹는다.
- ☞ 167, 207

알락오리
학명 *Anas strepera*
영어명 Gadwall
북한명 알락오리
분류 기러기목 오릿과
이동성 겨울 철새
지리적 분포 유라시아와 북미 대륙의 온대 지역에서 아한대 지역에 걸쳐 번식
서식지 하천, 하구, 해안, 호수 및 저수지, 내륙 습지
몸길이 50센티미터
형태 날 때 보이는 흰색의 둘째날개깃이 가장 큰 특징이다. 가슴, 배, 옆구리는 흰색이며 갈색의 가로줄이 있다. 수컷의 몸은 회색이며, 부리는 검은색이다. 암컷은 부리 가장자리가 주황색이다.
생태 낮에는 안전한 수면에서 휴식을 취하고 밤에는 논, 습지 등에서 무리를 이뤄 먹이를 구하거나 활동한다. 수초의 씨, 잎, 줄기, 수서 곤충, 조개 등을 먹는다.

알락할미새
학명 *Motacilla alba leucopsis*
영어명 White Wagtail
북한명 알락할미새
분류 참새목 할미샛과
이동성 여름 철새
지리적 분포 만주, 우리나라, 몽골 남부, 중국, 대만, 일본 규슈 등지
서식지 우리나라 전역의 하천, 내륙 습지, 계곡, 호수 및 저수지
몸길이 18센티미터
형태 정수리, 등, 가슴은 검은색 또는 회색이고 나머지는 흰색이다. 다리는 회색을 띤 검은색이며 부리는 검은색으로 아랫부리 기부는 색이 없다.
생태 둥지는 암석의 틈, 인가의 건물 틈에 마른 풀, 가는 뿌리, 동물의 털 등을 이용해서 밥그릇 모양으로 만든다. 푸른빛이 도는 회백색 바탕에 어두운 갈색과 쥐색의 얼룩점이 있는 알을 4~5개 낳는다. 곤충과 거미를 먹는다.

알락해오라기
학명 *Botaurus stellaris*
영어명 Eurasian Bittern
북한명 알락왜가리
분류 황새목 백로과
이동성 겨울 철새
지리적 분포 유럽, 호주, 남미, 북미, 중국 및 일본 북부
서식지 하천과 하구, 저수지 등 습지 주변의 갈대숲
몸길이 76센티미터
형태 몸 전체가 밝은 갈색과 흑갈색의 무늬로 이루어져 있어 날아오르기 전에는 발견하기 어렵다. 정수리는 검은색이며, 눈 밑에서 멱의 가장자리를 따라 검은색의 줄이 있다. 부리는 노란색이다.
생태 갈대밭, 습지, 호수 등지에서 단독으로 생활하며 야행성이지만 때로는 낮에도 활동한다. 경계를 할 때에는 목을 펴고 부리를 위로 향한 채 갈대밭에 움직이지 않고 서 있는다. 어류, 양서류, 설치류, 곤충 등을 먹는다.

양진이
학명 *Carpodacus roseus*
영어명 Pallas's Rosefinch
북한명 양지니
분류 참새목 되샛과
이동성 겨울 철새
지리적 분포 구북구 동부와 바이칼 호 북부, 사할린 등지에서 번식
서식지 겨울철에 숲과 인접한 개활지, 수목이 있는 농경지
몸길이 15센티미터
형태 수컷의 머리와 등은 선명한 진홍색이며, 이마와 멱에 흰색 반점이 있다. 등은 진홍색이지만 검은색 줄무늬가 많이 보인다. 허리와 가슴은 진홍색, 날개는 흑갈색이며 배는 흰색이다. 암컷의 몸은 붉은빛이 나는 수수한 황갈색이며, 머리와 가슴은 적갈색이다.
생태 비번식기에는 크고 작은 무리를 이루어 생활한다. 각종 식물의 씨앗과 열매, 곤충 등을 먹는다.

어치
학명 *Garrulus glandarius*
영어명 Jay
북한명 어치
분류 참새목 까마귓과
이동성 텃새
지리적 분포 구북구 전역에 넓게 분포
서식지 우리나라 전역의 산림과 그 인접 지역
몸길이 33센티미터
형태 머리는 적갈색, 몸은 회갈색이다. 파란색 광택이 나는 독특한 날개덮깃에는 검은 줄무늬가 있다. 뺨선과 꽁지깃, 날개깃은 검다. 날 때 보이는 허리와 날개에는 흰 점이 뚜렷하다.
생태 번식기에는 암수가 같이 산림에서 활동하지만 겨울에는 작은 무리를 이루어 저지대로 이동한다. 가을에는 도토리를 저장하는 모습을 쉽게 볼 수 있다. 조류의 알과 새끼, 파충류, 각종 씨앗 등을 먹는 잡식성 조류이다.

염주비둘기
학명 *Streptopelia decaocto*
영어명 Collared Dove
북한명 웃목도리재비둘기
분류 비둘기목 비둘깃과
이동성 흔치 않은 텃새
지리적 분포 유럽 서부에서 아시아 동부까지 구북구 전역에 분포
서식지 이동 시기에는 일부 해안과 섬 지역의 농경지, 인가 부근
몸길이 33센티미터
형태 몸 전체가 옅은 회갈색이며, 목 뒤에 검은색 줄이 있다. 날 때에는 검은색의 첫째날개깃이 뚜렷하게 보인다. 꽁지의 아랫면은 검은색이고 끝에 흰색의 띠가 있다. 부리는 검은색, 다리는 선명한 붉은색을 띤다.
생태 나뭇가지나 건물의 틈 사이에 나뭇가지를 이용하여 엉성한 둥지를 만들고, 흰색의 알을 2개 낳는다. 씨앗과 열매를 주로 먹는다.
☞ 192

오목눈이
학명 *Aegithalos caudatus*
영어명 Long-tailed Tit
북한명 오목눈
분류 참새목 오목눈잇과
이동성 텃새
지리적 분포 구북구 전역에 넓게 분포
서식지 저지대와 산림의 숲, 공원
몸길이 14센티미터
형태 머리와 배는 흰색이고, 검은색의 넓은 눈썹선은 등까지 이어져 있다. 등은 어두운 분홍색과 검은색으로 되어 있다.
생태 비번식기에는 무리로 생활하며, 다른 박새류와 혼성군을 이루기도 한다. 주로 나무 위에서만 생활한다. 이끼로 만든 긴 타원형의 둥지를 거미줄을 이용하여 나무줄기에 고정시킨다. 흰색 바탕에 적갈색의 작은 얼룩이 있는 알을 7~11개 낳는다. 주로 곤충을 먹으며 일부 식물의 씨앗도 먹는다.
☞ 88

오색딱따구리
학명 *Dendrocopos major*
영어명 Great Spotted Woodpecker
북한명 오색딱따구리
분류 딱따구리목 딱따구릿과
이동성 텃새
지리적 분포 구북구 전역의 온대 지역과 일부 열대 지역
서식지 우리나라 전역의 공원, 산림
몸길이 24센티미터
형태 몸의 윗면은 검은색, 아랫면은 흰색이고 등에는 흰색의 V자형 무늬가 있다. 가슴과 배는 흰색이다. 날 때 검은색 허리가 특징적이다. 수컷은 머리 뒷부분에 붉은 깃이 나타나지만, 암컷은 머리 전체가 균일하게 검다.
생태 단독 혹은 암수가 함께 생활하며, 겨울철에는 다른 조류와 소규모 무리를 짓기도 한다. 큰 나무줄기에 구멍을 파고 순백색의 알을 4~6개 정도 낳는다. 나무에 숨어 있는 곤충의 유충을 잡아먹는다.

왕눈물떼새
학명 *Charadrius mongolus*
영어명 Mongolian Plover
북한명 왕눈알도요
분류 도요목 물떼샛과
이동성 나그네새
지리적 분포 시베리아에서 번식. 말레이 반도, 호주 등지에서 월동
서식지 우리나라에는 주로 서해안의 갯벌, 하구
몸길이 20센티미터
형태 갈색의 등과 흰색의 배를 가지고 있다. 수컷은 여름에 뚜렷한 검은색의 눈선을 가지며 얼굴과 멱은 흰색, 가슴은 오렌지색이다. 암컷은 눈선이 갈색이며 가슴의 오렌지색이 수컷에 비해 흐리다. 겨울에는 머리의 검은색과 가슴의 오렌지색이 갈색으로 변한다.
생태 지상의 오목한 곳에 둥지를 만들어 번식한다. 황백색 바탕에 암갈색 얼룩점이 있는 알을 3개 정도 낳는다. 주로 시각을 이용하여 습지 주변의 각종 무척추동물과 곤충 등을 잡아먹는다.

왜가리
학명 *Ardea cinerea*
영어명 Grey Heron
북한명 왜가리
분류 황새목 백로과
이동성 흔한 여름 철새, 텃새
지리적 분포 유라시아 대륙의 중부 이남, 인도네시아, 아프리카 등지
서식지 논, 하천, 호수 및 저수지, 양어장, 갯벌, 하구
몸길이 93센티미터
형태 몸 전체가 회색을 띤다. 정수리는 흰색, 눈 위에서 뒤통수까지는 검은색이며 2~3개의 댕기깃이 있다. 앞목의 중앙에 검은색의 줄무늬가 있으며 어깨깃도 검은색이다. 부리는 주황색이며 다리는 붉은색 또는 적갈색이다.
생태 다른 백로류와 집단 번식한다. 소나무 등의 높은 나무 위에 나뭇가지로 엉성한 접시 모양의 둥지를 만들고 3~5개의 알을 낳는다. 습지에서 물고기, 양서류, 파충류 등을 잡아먹는다.
☞ 96, 126, 174, 239, 256

울새
학명 *Luscinia sibilans*
영어명 Rufous-tailed Robin
북한명 울타리새
분류 참새목 지빠귓과
이동성 나그네새
지리적 분포 시베리아 남부에서 사할린, 중국 북동부에서 번식. 중국 남부와 베트남 북부 등에서 월동
서식지 통과 시기에 산림, 공원, 정원 등의 덤불
몸길이 14센티미터
형태 머리를 비롯한 몸의 윗면은 갈색, 꼬리는 밤색, 배는 흰색이며, 멱과 가슴에는 비늘 모양의 회갈색 무늬가 있다. 부리는 검은색, 다리는 황갈색이다. 암수가 비슷하다.
생태 경계심이 강해서 덤불 밖으로 잘 나오지 않으며 주로 덤불 아래 지상을 걸어 다니며 먹이를 찾는다. 작은 곤충과 그 유충을 주식으로 한다.

원앙 [천연]
학명 *Aix galericulata*
영어명 Mandarin Duck
북한명 원앙
분류 기러기목 오릿과
이동성 흔치 않은 텃새
지리적 분포 우수리 강 지역, 사할린, 우리나라와 일본, 대만 등지에 분포
서식지 여름에는 산림의 숲과 인근 계곡에서 서식, 겨울에는 하천과 저수지, 해안 등으로 이동
몸길이 45센티미터
형태 수컷의 몸은 전체적으로 적록색이다. 머리에 초록색 깃이 섞인 긴 댕기를 가지고 있고 흰 눈썹선과 부채형의 큰 셋째날개깃이 뚜렷하다. 암컷은 전반적으로 수수한 회갈색이고 눈선이 희다.
생태 계곡이나 물가의 나무 구멍, 오래된 딱따구리 둥지, 인공 새집 등을 둥지로 이용한다. 옅은 황갈색 알을 7~12개 낳는다.
☞ 70, 84, 202, 206

유리딱새
학명 *Tarsiger cyanurus*
영어명 Red-flanked Bluetail
북한명 류리딱새
분류 참새목 지빠귓과
이동성 나그네새, 흔치 않은 겨울 철새
지리적 분포 아시아 동부 및 중부에서 번식. 중국 남부와 대만, 일본 등지에서 월동
서식지 이동 시기에는 평지의 숲, 산림, 공원
몸길이 14센티미터
형태 수컷의 몸 윗면은 파란색이고, 눈썹선은 흰색으로 이마까지 뻗어 있다. 멱과 배는 흰색이지만 옆구리에는 밝은 오렌지색 부분이 있다. 암컷의 윗면은 올리브색을 띤 갈색이고, 허리와 꽁지는 파란색을 띤다.
생태 아고산대의 침엽수림 등지에서 주로 번식한다. 식물의 줄기와 잎 등을 이용하여 작은 밥그릇 모양의 둥지를 만들고 흰색에 옅은 적갈색 얼룩점이 있는 알을 3~6개 낳는다.

잣까마귀
학명 *Nucifraga caryocatactes*
영어명 Nutcracker
북한명 잣까마귀
분류 참새목 까마귓과
이동성 흔치 않은 텃새, 겨울 철새
지리적 분포 스칸디나비아에서 캄차카에 이르는 구북구의 아한대 지역
서식지 주로 산악 지역의 침엽수림, 겨울에는 저지대로 이동
몸길이 35센티미터
형태 몸 전체는 짙은 암갈색이며, 뚜렷한 흰색 점이 많다. 날개깃과 꽁지는 금속광택이 있는 어두운 청색이다. 부리는 검은색이다.
생태 침엽수림의 높은 가지 위에 작은 나뭇가지, 이끼, 흙 등을 이용하여 밥그릇 모양의 둥지를 만들고, 청백색의 바탕에 얼룩 점이 있는 알을 3~4개 낳는다. 침엽수의 씨앗과 각종 열매, 곤충 등을 먹는다. 먹이를 저장하는 습성이 있어 잣나무 같은 침엽수의 씨앗을 다른 곳으로 퍼뜨리는 역할을 한다.
☞ 249

장다리물떼새
학명 *Himantopus himantopus*
영어명 Black-winged Stilt 또는 Lesser Sand Plover
북한명 긴다리도요
분류 도요목 장다리물떼샛과
이동성 흔치 않은 나그네새, 여름 철새
지리적 분포 세계 전역의 온대에서 열대 지역에 넓게 분포
서식지 해안과 내륙 습지, 논과 하천, 저수지
몸길이 37센티미터
형태 부리는 검은색으로 가늘고 길다. 긴 다리는 분홍색이다. 날개는 검은색이고 몸의 아랫면은 흰색이다. 수컷은 정수리에서 목의 뒷면에 걸쳐 검은색 또는 회색의 무늬가 있다.
생태 얕은 물 위나 땅에 풀을 쌓아 둥지를 만든다. 황갈색에 어두운 얼룩점이 있는 알을 3~5개 낳는다. 우리나라에서는 지나가는 나그네새였으나 최근 천수만 일대에서 번식하는 것이 확인되었다. 얕은 물에서 걸어 다니며 동물성 먹이를 잡아먹는다.
☞ 82, 86~88, 113

재두루미 〔천연〕〔보호〕
학명 *Grus vipio*
영어명 White-naped Crane
북한명 재두루미
분류 두루미목 두루밋과
이동성 흔치 않은 겨울 철새, 나그네새
지리적 분포 중국 동북부, 우수리 강, 한카 호수 유역 등지에서 번식. 우리나라와 중국 중북부, 일본 등지에서 월동
서식지 주로 농경지, 개활지, 습지, 갯벌, 하구, 저수지
몸길이 127센티미터
형태 몸은 전체적으로 회색이다. 뺨의 붉은색 피부가 드러나 있고 흰색 목에는 회색 띠가 있다. 첫째날개깃과 둘째날개깃은 검은색이다. 셋째날개깃과 등의 일부는 흰색이다.
생태 습지의 땅 위에 수초와 갈대 등으로 큰 접시 모양의 둥지를 만들고 옅은 갈색 바탕에 암갈색의 얼룩무늬가 있는 알을 2개 낳는다. 물고기와 양서류, 파충류 등을 먹고 겨울철에는 낟알 등을 먹기도 한다.
☞ 198, 302

잿빛개구리매 〔천연〕〔보호〕
학명 *Circus cyaneus*
영어명 Hen Harrier
북한명 회색택광이
분류 매목 수릿과
이동성 겨울 철새
지리적 분포 유라시아 대륙의 온대 지역에서 북미 지역까지 넓게 분포. 겨울에는 아프리카 북부, 중국, 우리나라, 일본 등지에서 월동
서식지 주로 갈대밭, 습지, 농경지
몸길이 수컷 45센티미터, 암컷 51센티미터
형태 수컷은 윗면이 밝은 회색이고 아랫면이 흰색이다. 암컷은 윗면이 어두운 갈색이다.
생태 초지의 풀을 엮어 둥지를 만들고 흰색의 알을 4~6개 낳는다. 양 날개를 V자형으로 위로 올린 채 느리게 날며 설치류와 작은 새, 양서류, 파충류 등을 잡아먹는다.

저어새 〔천연〕〔멸종〕
학명 *Platalea minor*
영어명 Black-faced Spoonbill
북한명 저어새
분류 황새목 저어샛과
이동성 텃새, 흔치 않은 여름 철새
지리적 분포 대부분이 우리나라 서해안의 무인도에서 번식하고 소수가 중국 일부 지방에서 번식. 제주도와 일본, 대만 등지에서 월동
서식지 주로 하구, 갯벌, 저수지, 논, 양식장
몸길이 73.5센티미터
형태 몸 전체가 흰색이며, 부리와 다리는 검은색이다. 여름깃의 특징은 뒤통수에 노란색을 띤 장식깃이 발달하는 것과 가슴 윗부분에 옅은 노란색의 띠가 나타나는 것이다.
생태 나뭇가지 등을 이용하여 엉성한 접시 모양의 둥지를 만들고 3개 정도의 알을 낳는다. 얕은 물 위를 걸어 다니며 부리를 벌린 채 좌우로 저어서 작은 물고기나 새우 등을 찾아 먹는다.
☞ 278

제비
- **학명** *Hirundo rustica*
- **영어명** Barn Swallow 또는 House Swallow
- **북한명** 제비
- **분류** 참새목 제빗과
- **이동성** 여름 철새
- **지리적 분포** 유럽, 아시아, 북미 등 북반구 전역에서 번식. 열대 지역에서 월동
- **서식지** 시골이나 도시의 인가 주변, 농경지와 개활지
- **몸길이** 18센티미터
- **형태** 날렵한 몸매와 긴 꽁지, 폭이 좁고 긴 날개를 가지고 있다. 윗면은 광택이 있는 암청색이며, 이마와 멱은 적갈색이다. 배는 엷은 주황색을 띤 흰색 또는 그냥 흰색이다. 보통 수컷의 꽁지가 암컷보다 길다.
- **생태** 풀의 줄기와 잎, 진흙을 섞어 처마 밑에 한쪽 면을 붙여 밥그릇 모양의 둥지를 만들고 흰색 바탕에 옅은 황갈색 점이 있는 알을 3~7개 낳는다. 빠른 속도로 날며 각종 곤충을 공중에서 잡아먹는다.

☞ 222

제비딱새
- **학명** *Muscicapa griseisticta*
- **영어명** Grey-spotted Flycatcher
- **북한명** 제비솔딱새
- **분류** 참새목 딱샛과
- **이동성** 나그네새
- **지리적 분포** 몽골 동부에서 극동 러시아에 이르는 아시아 동부 지역에 분포. 겨울에는 동남아시아, 파푸아 뉴기니 등지에서 월동
- **서식지** 이동 시기에 산림, 공원, 정원의 나무
- **몸길이** 14.5센티미터
- **형태** 등은 회갈색, 아랫면은 흰색이다. 날개에는 흰 가로줄이 보인다. 눈테, 가슴, 멱, 배는 흰색이다.
- **생태** 주로 나무 위에서 생활하며 땅에는 내려오지 않는다. 높은 곳에 앉아 날아다니는 곤충을 찾은 후 쫓아가서 공중에서 잡아먹는다. 키 큰 나무의 가지 위에 다량의 이끼를 이용하여 밥그릇 모양의 둥지를 만들고 엷은 녹색에 황갈색 반점이 있는 알을 낳는다.

좀도요
- **학명** *Calidris ruficollis*
- **영어명** Red-necked Stint
- **북한명** 좀도요
- **분류** 도요목 도욧과
- **이동성** 나그네새
- **지리적 분포** 구북구 동부의 툰드라 지역, 오호츠크 해 연안, 베링 해와 알래스카 북서부에서 번식. 동남아시아, 호주 등지에서 월동
- **서식지** 이동 시기에는 서해안의 갯벌, 하구, 염전, 논
- **몸길이** 15센티미터
- **형태** 여름에 머리, 목, 윗가슴은 붉은색이며 등과 어깨깃은 어두운 갈색이다. 겨울에 몸 윗면은 회갈색이다. 몸의 아랫면은 선명한 흰색이고, 부리와 다리는 검은색이다.
- **생태** 이동 시기에 큰 무리를 이루어 갯벌을 지나간다. 툰드라 습지의 풀밭 오목한 곳에 접시 모양의 둥지를 만든다. 주로 갯지렁이, 수서 무척추동물, 곤충 등을 먹는다.

종다리
- **학명** *Alauda arvensis*
- **영어명** Eurasian Skylark
- **북한명** 종다리
- **분류** 참새목 종다릿과
- **이동성** 겨울 철새, 텃새
- **지리적 분포** 유라시아 대륙의 중위도 지역 대부분에서 분포. 겨울에는 저위도 지역으로 이동
- **서식지** 저지대의 개활지, 농경지, 습지
- **몸길이** 18센티미터
- **형태** 몸은 옅은 황갈색이며, 머리, 등, 날개, 가슴에는 검은색 줄무늬가 있다. 댕기가 있으나 짧고 둥글어서 잘 보이지 않을 수 있다. 날 때 둘째날개깃 끝 부분의 흰색, 바깥꼬리깃의 흰색이 잘 보인다.
- **생태** 주로 지상에서 생활하는 조류로서 경계심이 많아 위험이 닥치거나 경계할 때에는 몸의 자세를 낮추고 땅바닥을 조심스럽게 기어서 움직인다. 곤충과 씨앗 등을 먹는다.

중대백로
- **학명** *Egretta alba*
- **영어명** Large Egret 또는 Great Egret
- **북한명** 중대백로
- **분류** 황새목 백로과
- **이동성** 여름 철새, 겨울 철새
- **지리적 분포** 유라시아와 북미, 아프리카와 호주 등 폭넓게 분포
- **서식지** 하천, 하구, 호수 및 저수지, 논, 개활지
- **몸길이** 89센티미터
- **형태** 몸 전체가 흰색이며 목과 다리가 길다. 부리와 눈의 앞부분은 노란색이다. 여름에 부리는 검은색, 눈앞은 초록색으로 변한다. 부리는 길고 곧다.
- **생태** 습지 주변에 인접한 숲 또는 야산의 나무 위에 다른 백로류와 함께 집단으로 번식한다. 높은 나뭇가지 위에 작은 나뭇가지를 쌓아 올려 엉성한 둥지를 만들고 엷은 청색의 알을 2~4개 낳는다. 주로 습지에서 물고기, 양서류, 파충류 등을 잡아먹는다.

☞ 25~27, 36, 82, 144, 200, 235, 244, 252

중백로
- **학명** *Egretta intermedia*
- **영어명** Intermediate Egret
- **북한명** 중백로
- **분류** 황새목 백로과
- **이동성** 여름 철새
- **지리적 분포** 구북구의 열대 지역과 온대 지역에 폭넓게 분포. 우리나라와 일본 등지에서 번식한 개체군은 겨울에 대만, 필리핀 등지에서 월동
- **서식지** 논, 하천, 저수지와 갯벌
- **몸길이** 68센티미터
- **형태** 여름에 목과 등에 화려한 장식깃이 발달한다. 눈앞과 부리의 기부는 노란색이고, 다리는 전체가 검은색이다. 겨울에는 부리가 검은색에서 노란색으로 변한다.
- **생태** 우리나라 전역의 습지와 논에서 관찰되나, 중대백로와 쇠백로에 비해 그 수가 적다. 주로 물고기, 양서류, 파충류, 곤충 등을 먹는다.

☞ 89

중부리도요
학명 *Numenius phaeopus*
영어명 Whimbrel
북한명 밭도요
분류 도요목 도욧과
이동성 나그네새
지리적 분포 전북구의 툰드라 지역에서 번식. 저위도의 열대 지역과 아프리카 남부, 남미, 호주 등지에서 월동
서식지 갯벌, 하구, 논, 습지
몸길이 43센티미터
형태 황갈색의 몸에 아래로 굽은 긴 부리를 가지고 있다. 정수리 양쪽에 어두운 갈색 줄이 2개가 있다. 몸의 윗면은 진한 갈색이다. 가슴은 황갈색이며, 갈색의 줄무늬가 뚜렷하다.
생태 툰드라 지역 초지의 오목한 땅 위에 접시 모양의 둥지를 만든다. 긴 부리를 이용하여 갯벌 속에 숨어 있는 게와 갑각류를 잡아먹는다.

직박구리
학명 *Hypsipetes amaurotis*
영어명 Brown-eared Bulbul
북한명 찍바구리
분류 참새목 직박구릿과
이동성 텃새
지리적 분포 아시아 동부 전역에 분포
서식지 산림, 도시의 공원과 정원, 인가 등
몸길이 28센티미터
형태 몸은 전반적으로 회갈색을 띠고 있다. 머리는 푸른색을 띤 회색, 귀깃은 밤색이다. 부리는 가늘고 곧으며 검은색이다. 다리는 검은색이다. 날개와 꽁지는 광택이 있는 암갈색이다.
생태 비번식기에는 큰 무리를 이루어 생활하기도 한다. 내륙의 산림과 도심, 해안에서 멀리 떨어진 도서 지역에서도 서식한다. 나뭇가지 위에 작은 식물성 재료를 이용하여 밥그릇 모양의 둥지를 만들고 붉은빛이 도는 흰색 바탕에 적갈색 얼룩점이 있는 알을 4~5개 낳는다.
☞ 140, 155, 164

진박새
학명 *Parus ater*
영어명 Coal Tit
북한명 깨새
분류 참새목 박샛과
이동성 텃새
지리적 분포 구북구 전역의 중위도 지역에 넓게 분포
서식지 우리나라의 산림에서 흔히 번식. 겨울에는 저지대로 이동
몸길이 11센티미터
형태 몸의 윗면은 회색이고 아랫면은 흰색이나 회백색이다. 정수리는 검은색이며 작은 댕기가 있다. 윗목과 뺨은 흰색이고, 멱은 검은색으로 목 주변으로 검은색 띠를 형성한다. 날개에는 2개의 가느다란 흰색 띠가 있다.
생태 산림 내부의 나무 구멍이나 인공 새집 등에서 번식한다. 비번식기에는 다른 박새류와 무리를 이뤄 저지대로 이동한다. 곤충, 거미, 각종 열매 등을 먹는다.

진홍가슴
학명 *Luscinia calliope*
영어명 Siberian Rubythroat
북한명 붉은턱울타리새
분류 참새목 지빠귓과
이동성 흔치 않은 나그네새 및 여름 철새
지리적 분포 구북구 동부에서 번식. 아시아 남부에서 월동
서식지 주로 산림과 평지의 개활지, 덤불, 관목 숲
몸길이 15.5센티미터
형태 수컷의 등은 올리브 갈색이며 아랫면은 황백색이다. 눈썹선과 뺨선은 뚜렷한 흰색이며, 목은 선명한 빨간색이다. 가슴과 옆구리는 회갈색이다. 암컷은 멱이 황백색이다.
생태 초지의 땅 위나 경사지에 마른 풀과 이끼 등으로 밥그릇 모양의 둥지를 만들고 3~5개의 알을 낳는다. 보통 단독 또는 암수로 생활한다. 각종 곤충, 열매, 씨앗 등을 먹는다.

찌르레기
학명 *Sturnus cineraceus*
영어명 Grey Starling 또는 White-Cheeked Starling
북한명 찌르러기
분류 참새목 찌르레깃과
이동성 여름 철새
지리적 분포 아시아 동북부에서 번식. 중국 남부와 대만 등지에서 월동
서식지 우리나라 전역의 도시, 농촌의 개활지, 공원
몸길이 24센티미터
형태 머리, 멱, 가슴은 검은 회색이며 눈 주위, 뺨, 멱에 불규칙한 흰색 얼룩점이 있다. 이마, 배, 허리는 흰색, 등은 회색이다. 날카롭게 뻗은 부리는 주황색인데 끝이 검은색이다.
생태 번식기를 제외하면 보통 무리를 이룬다. 나무 구멍과 딱따구리의 둥지, 인공 새집과 건물의 틈 등에 둥지를 튼다. 곤충, 소형 양서류, 파충류, 각종 열매 등을 먹는다.
☞ 108, 163

참매
학명 *Accipiter gentilis*
영어명 Goshawk
북한명 참매
분류 매목 수릿과
이동성 흔치 않은 겨울 철새
지리적 분포 유럽과 북미 대륙에 넓게 분포
서식지 산림과 인접한 농경지 및 개활지
몸길이 수컷 52센티미터, 암컷 60센티미터
형태 몸 윗면은 짙은 회색이고 아랫면은 흰색에 가느다란 가로 줄무늬가 있다. 눈과 다리는 노란색 또는 주황색이며, 뚜렷한 눈썹선이 있다.
생태 숲 속의 나뭇가지 위에 작은 나뭇가지를 쌓아 올려 접시 모양의 둥지를 만들고 담청색 알을 2~4개 낳는다. 주로 멧비둘기, 꿩 등의 중소형 조류와 토끼 등의 포유류를 잡아먹는 육식성 조류이다.

참새
- **학명** *Passer montanus*
- **영어명** Tree Sparrow
- **북한명** 참새
- **분류** 참새목 참새과
- **이동성** 텃새
- **지리적 분포** 유라시아 전역에 넓게 분포
- **서식지** 도시와 농촌의 인가 주변, 농경지, 개활지
- **몸길이** 14.5센티미터
- **형태** 머리와 등은 갈색이며, 등과 날개에는 검은색 세로 줄무늬가 있다. 아랫면은 황백색이고 목과 뺨에는 검은색 점이 있다. 부리는 검은색이지만 겨울에는 약간 노란색을 띤다. 다리는 갈색이다.
- **생태** 나무 구멍, 인공 새집, 건물의 틈, 처마 밑에 둥지를 만들고 황갈색 바탕에 적갈색의 얼룩이 있는 알을 4~8개 낳는다. 주로 인가 근처에서 소규모 무리를 이루어 생활하지만, 겨울에는 큰 무리를 이루어 개활지와 농경지의 덤불 등에서 집단 생활을 하기도 한다.

☞ 64, 72, 82, 138, 156, 238

참수리 `천연` `멸종`
- **학명** *Haliaeetus pelagicus*
- **영어명** Steller's Sea Eagle
- **북한명** 참수리
- **분류** 매목 수릿과
- **이동성** 흔치 않은 겨울 철새
- **지리적 분포** 동북아시아에만 분포. 오호츠크 해 연안과 사할린, 아무르 강 유역 등지에서 번식. 우리나라와 일본, 중국 북동부 등지에서 월동
- **서식지** 해안, 하구, 하천, 저수지 등 습지 주변에서 월동
- **몸길이** 수컷 88센티미터, 암컷 102센티미터
- **형태** 검은색의 깃, 긴 쐐기형의 흰색 꽁지가 있다. 흰색의 작은 날개덮깃과 노란색의 큰 부리가 멀리서도 뚜렷하게 보인다. 이마는 흰색이며 다리는 노란색이다.
- **생태** 겨울에는 단독으로 생활하지만 흰꼬리수리 등과 작은 무리를 이루기도 한다. 해안 지역에서 각종 물고기를 잡아먹으며 중대형 조류와 포유류를 먹는다. 동물의 사체를 먹기도 한다.

청다리도요
- **학명** *Tringa nebularia*
- **영어명** Greenshank
- **북한명** 청다리도요
- **분류** 도요목 도욧과
- **이동성** 나그네새
- **지리적 분포** 유라시아 대륙의 북부 지역에서 번식. 아프리카, 인도, 동남아시아와 호주 등지에서 월동
- **서식지** 갯벌, 하구, 논, 호수, 저수지
- **몸길이** 35센티미터
- **형태** 윗면은 청백색, 아랫면은 흰색이며 여름에는 머리, 목, 가슴의 줄무늬가 뚜렷하다. 긴 부리는 위로 약간 휘어져 있고, 다리는 노란빛이 나는 녹색이다. 겨울에는 목과 가슴에 줄무늬가 없고 흰색이다.
- **생태** 하천이나 습지 근처의 초지 오목한 곳에 접시 모양의 둥지를 만들고 옅은 황갈색에 어두운 점들이 있는 알을 3~5개 낳는다. 주로 곤충과 수서 무척추동물을 먹는다.

☞ 44

청둥오리
- **학명** *Anas platyrhynchos*
- **영어명** Mallard
- **북한명** 청둥오리
- **분류** 기러기목 오릿과
- **이동성** 겨울 철새, 텃새
- **지리적 분포** 유라시아 대륙을 포함한 전북구 전역에 광범위하게 분포, 온대와 아열대에서 월동
- **서식지** 하천, 하구, 호수, 저수지, 해안, 농경지
- **형태** 수컷의 머리는 푸른색, 부리는 노란색이다. 흰색의 가는 목테, 짙은 갈색 가슴이 특징적이며 검은색 꽁지 끝은 위로 말려 있다. 암컷의 몸은 갈색이며 주황색 부리에는 불규칙한 검은색의 반점이 섞여 있다. 다리는 선명한 주황색이다.
- **생태** 습지 주변의 초지나 덤불에 접시 모양의 둥지를 만들고 청록색의 알을 8~10개 낳는다. 각종 곤충과 수서 무척추동물, 수생 식물, 여러 종류의 곡식을 먹는 잡식성이다.

☞ 22, 60, 212, 242

청딱따구리
- **학명** *Picus canus*
- **영어명** Grey-headed Woodpecker
- **북한명** 청딱따구리
- **분류** 딱따구리목 딱따굿과
- **이동성** 텃새
- **지리적 분포** 유럽에서 오호츠크 해 연안, 러시아 연해주, 사할린과 우리나라에 이르기까지 폭넓게 분포
- **서식지** 공원, 야산, 산림
- **몸길이** 30센티미터
- **형태** 등은 연녹색이며 배는 회색이다. 수컷은 이마가 붉다. 암수 모두 검은색의 가느다란 뺨선이 있는데 수컷이 더 진하다. 검은색 첫째날개깃에는 흰색 점이 있다.
- **생태** 나무 구멍과 고사목을 옮겨 다니며 그 안에 있는 곤충의 유충과 개미류를 주로 잡아먹는다. 4월과 6월 사이에 나무 구멍을 파서 둥지를 만들며 흰색의 알을 5~8개 낳는다.

☞ 300

청머리오리
- **학명** *Anas falcata*
- **영어명** Falcated Teal
- **북한명** 붉은꼭두오리
- **분류** 기러기목 오릿과
- **이동성** 겨울 철새
- **지리적 분포** 시베리아 동부와 캄차카 반도, 연해주 등지에서 번식. 우리나라와 일본, 중국 남부 등지에서 월동
- **서식지** 하구, 저수지, 해안
- **몸길이** 48센티미터
- **형태** 수컷의 머리에는 금속광택을 띤 녹색의 긴 댕기가 있다. 이마에는 흰색 점이 있으며 흰색의 목 밑에는 검은색 목테가 있다. 엉덩이는 노란색이며 둥글고 길게 늘어진 셋째날개깃은 꽁지를 가린다. 암컷의 몸은 균일한 갈색이며 부리는 검은색이다.
- **생태** 주로 하천과 하구 등지에서 적은 수가 무리를 이루어 월동한다.

청호반새
- **학명** *Halcyon pileata*
- **영어명** Black-capped Kingfisher
- **북한명** 청호반새
- **분류** 파랑새목 물총샛과
- **이동성** 여름 철새
- **지리적 분포** 아시아 동부의 온대 지역과 열대 지역에 분포. 중국 남부에서 인도, 필리핀 등지에서 월동
- **서식지** 물가의 산림과 개활지, 농경지
- **몸길이** 30센티미터
- **형태** 윗면은 선명한 파란색이고 아랫면은 주황색이다. 붉은색의 부리는 크고 튼튼하다. 머리는 검은색, 뺨은 흰색이다.
- **생태** 주로 단독으로 또는 암수가 함께 생활한다. 하천의 중상류 지역과 내륙의 저수지, 일부 해안 등 습지 주변의 흙벽에 구멍을 파서 둥지를 만든다. 높은 나무 위에서 물고기, 개구리, 가재, 뱀, 곤충 등 다양한 동물성 먹이를 찾은 후 잡아먹는다.

☞ 161, 301

촉새
- **학명** *Emberiza spodocephala*
- **영어명** Black-faced Bunting
- **북한명** 버들멧새
- **분류** 참새목 멧샛과
- **이동성** 나그네새
- **지리적 분포** 바이칼 호 주변, 시베리아 남부, 만주와 우리나라 북부 등지에서 번식. 우리나라 남부와 중국 동남부, 대만 등지에서 월동
- **서식지** 습지와 개활지의 덤불 및 갈대밭
- **몸길이** 16센티미터
- **형태** 수컷의 머리와 가슴은 녹색 빛이 도는 짙은 회색이며, 눈썹선과 부리의 기부 주변은 검은색이다. 등은 올리브색이 나는 갈색이고, 배는 녹황색이며 약한 세로 줄무늬가 있다. 겨울에는 수컷의 머리와 얼굴의 짙은 회색이 회갈색으로 변한다. 암컷은 머리와 얼굴이 회갈색이다.
- **생태** 주로 씨앗과 곡식 등을 먹지만 일부 곤충의 성충과 유충도 먹는다. 이동 시기 또는 월동기에는 같은 종끼리 또는 다른 멧새류와 함께 무리를 이루기도 한다.

칡때까치
- **학명** *Lanius tigrinus*
- **영어명** Thick-billed Shrike 또는 Tiger Shrike
- **북한명** 측개구마리
- **분류** 참새목 때까칫과
- **이동성** 흔치 않은 여름 철새
- **지리적 분포** 만주 남부, 우리나라, 일본, 중국 동남부 등에 분포. 겨울에는 말레이 반도와 인도네시아 등지에서 월동
- **서식지** 야산, 저지대의 산림에 인접한 개활지와 평지
- **몸길이** 18센티미터
- **형태** 청회색 머리를 가지고 있으며 얼굴에는 흰 눈썹선이 없다. 수컷은 배가 희며, 암컷은 옆구리에 어두운 갈색의 얼룩무늬가 있다.
- **생태** 보통 단독으로 또는 암수가 함께 행동한다. 6~7월에 나뭇가지에 밥그릇 모양의 둥지를 만들고 3~6개의 알을 낳는다. 주로 곤충을 먹고 작은 양서류, 파충류, 소형 조류 등을 먹기도 한다. 잡은 먹이를 뾰족한 가시 등에 꽂아 두는 습성이 있다.

칼새
- **학명** *Apus pacificus*
- **영어명** White-rumped Swift
- **북한명** 칼새
- **분류** 칼새목 칼샛과
- **이동성** 여름 철새
- **지리적 분포** 아시아 아열대에서 한대에 이르는 지역에서 번식. 동남아시아와 호주 등지에서 월동
- **서식지** 섬, 해안 지역
- **몸길이** 20센티미터
- **형태** 긴 제비형의 꽁지와 가늘고 폭이 좁은 날개를 가지고 있다. 온몸이 흑갈색이며 목과 허리만 흰색이다.
- **생태** 알을 낳고 품는 것을 제외한 대부분의 시간을 공중에서 보낸다. 높은 산악과 해안 절벽의 틈에 풀줄기 등을 엮어 밥그릇 모양의 둥지를 만든다. 무리로 생활한다. 큰 입을 벌리고 재빨리 날면서 날아다니는 곤충을 잡아먹는다.

캐나다기러기
- **학명** *Branta canadensis*
- **영어명** Canada Goose
- **북한명** 미기록
- **분류** 기러기목 오릿과
- **이동성** 길 잃은 새
- **지리적 분포** 캐나다와 북미 대륙 북부 지역에서 번식. 겨울에는 신북구의 중부 지대에서 월동
- **서식지** 하천, 농경지
- **몸길이** 67센티미터
- **형태** 머리와 목은 검은색이고 뺨부터 목까지 선명한 흰색의 점무늬가 있다. 아랫면은 회갈색이고 부리와 다리는 검은색이다. 목과 가슴 사이에는 흰색의 띠가 나타나기도 한다.
- **생태** 우리나라에서는 볼 수 없는 새지만 다른 기러기 무리에 섞여 소수가 도래하는 경우가 드물게 있다. 각종 식물의 줄기와 뿌리, 곡식 등을 먹는다.

캐나다두루미
- **학명** *Grus canadensis*
- **영어명** Sandhill Crane
- **북한명** 미기록
- **분류** 두루미목 두루밋과
- **이동성** 길 잃은 새
- **지리적 분포** 시베리아 동북부와 북미 대륙의 북극권 일대에 분포. 북미 중부 지역에서 월동
- **서식지** 내륙 습지 주변의 농경지, 개활지
- **몸길이** 95센티미터
- **형태** 몸 전체가 회갈색이고 곳곳에 적갈색의 깃털이 섞여 있다. 이마는 피부가 드러나 있어 붉은색을 띠며 뺨과 목은 흰색이다. 부리와 다리는 노란색이다.
- **생태** 월동기에는 가족을 중심으로 무리를 이루어 생활한다. 하지만 우리나라에서 발견된 것은 길을 잃고 도래한 것이라 다른 두루미류에 섞여 생활한다. 어류, 갑각류, 식물의 뿌리와 줄기 등을 먹는다.

콩새
학명 *Coccothraustes coccothraustes*
영어명 Hawfinch
북한명 콩새
분류 참새목 되샛과
이동성 겨울 철새
지리적 분포 구북구 아한대 지역에서 번식. 우리나라, 일본, 중국 등지에서 월동
서식지 주로 저지대의 산림과 평지의 숲, 공원과 개활지
몸길이 18센티미터
형태 머리는 갈색이며 등은 암갈색이다. 뒤통수와 목 옆에 회색 깃이 있고 몸 아랫면은 옅은 갈색이다. 날개는 푸른 광택이 있는 검은색이다. 두꺼운 부리는 여름에 회갈색을, 겨울에는 엷은 연주황색을 띤다.
생태 겨울에는 단독으로 생활하지만 작은 무리를 이루기도 한다. 덤불 위에 마른 풀줄기와 풀뿌리 등으로 밥그릇 모양의 둥지를 만든다. 주로 씨앗과 열매를 먹으며 일부 곤충도 잡아먹는다.

큰고니 〔천연〕 〔보호〕
학명 *Cygnus cygnus*
영어명 Whooper Swan
북한명 큰고니
분류 기러기목 오릿과
이동성 겨울 철새
지리적 분포 구북구 대륙의 아한대 지역에 널리 분포. 겨울에는 우리나라, 중국, 일본 등의 남부 지역에서 월동
서식지 호수 및 저수지, 하천, 하구 및 내륙 습지
몸길이 140센티미터
형태 몸 전체가 흰색이다. 부리 끝은 검은색이지만 부리 기부의 노란색 부분이 앞으로 뾰족하게 튀어 나와 있다.
생태 집단으로 번식한다. 습지 주변의 초지와 얕은 물 위에 풀줄기와 수초를 이용하여 화산 모양의 큰 둥지를 만든다. 긴 목을 이용하여 진흙이나 물속의 먹이를 뒤진다. 주로 육상 식물과 수생 식물의 줄기와 뿌리를 먹으며, 일부 수서 무척추동물을 먹기도 한다.
☞ 30, 170, 230~233, 236, 260, 270, 282, 288

큰기러기 〔보호〕
학명 *Anser fabalis*
영어명 Bean Goose
북한명 큰기러기
분류 기러기목 오릿과
이동성 흔한 겨울 철새
지리적 분포 유라시아 대륙의 북극권에서 번식. 온대 지역에서 월동
서식지 호수와 저수지, 하천, 하구
몸길이 85센티미터
형태 부리는 검은색이며 끝 부분에는 주황색 점이 있다. 머리와 목이 다른 기러기에 비해 어두운 갈색이며, 배는 옅은 회갈색이다. 가까운 거리에서는 목에 약한 세로 줄무늬가 있는 것처럼 보이며, 다리는 선명한 주황색이다.
생태 6~7월에 툰드라 지역 습지의 마른 땅 위에 둥지를 만든다. 비교적 느슨한 집단을 이루어 번식한다. 논과 초지에서 각종 곡식의 낟알과 식물의 잎과 줄기, 뿌리 등을 먹는다.
☞ 46, 52

큰뒷부리도요
학명 *Limosa lapponica*
영어명 Bar-tailed Godwit
북한명 큰뒷부리마도요
분류 도요목 도욧과
이동성 나그네새
지리적 분포 유라시아 북부와 알래스카 서부 등지에서 번식. 유럽과 아프리카, 동남아시아와 호주 등지에서 월동
서식지 이동 시기에 주로 갯벌, 하구
몸길이 39센티미터
형태 길고 위로 약간 휘어진 분홍색의 부리를 가지고 있다. 부리 끝 부분은 검은색이다. 수컷은 머리와 몸의 아랫면이 적갈색이고, 암컷은 몸의 아랫면에 암갈색의 줄무늬와 황백색의 줄무늬가 있다. 겨울에는 몸의 색깔이 회갈색을 띤다.
생태 단독 무리 또는 흑꼬리도요 등과 무리를 이루어 통과한다. 곤충, 갑각류, 지렁이와 갯지렁이 등을 먹는다.

큰밭종다리
학명 *Anthus novaeseelandiae*
영어명 Richard's Pipit
북한명 흰눈섭논종다리
분류 참새목 할미샛과
이동성 흔치 않은 나그네새
지리적 분포 아프리카 남동부, 인도, 시베리아 서부의 저지대에서 번식. 중국, 동남아시아, 호주, 뉴질랜드 등에서 월동
서식지 농경지와 개활지
몸길이 18센티미터
형태 갈색 등에 옅은 검은색 줄무늬가 있다. 배는 노란 갈색을 띤 흰색이다. 부리는 비교적 큰 편이며, 다리는 적갈색으로 길다.
생태 습지 가까이에 있는 초지나 고산의 초지에 마른 풀과 이끼를 이용하여 밥그릇 모양의 둥지를 만들며, 5월 상순에서 7월까지 옅은 녹색이나 황백색 바탕에 얼룩점이 있는 알을 4~6개 낳는다. 주로 곤충을 잡아먹는다.

큰부리까마귀
학명 *Corvus macrorhynchos*
영어명 Jungle Crow
북한명 굵은부리까마귀
분류 참새목 까마귓과
이동성 텃새
지리적 분포 우리나라, 일본, 중국, 동남아시아 지역
서식지 산림과 인가 주변의 숲에서 번식. 겨울에는 저지대의 농경지와 개활지
몸길이 57센티미터
형태 몸 전체는 금속광택을 띤 검은색이다. 부리가 크고 두툼하며, 머리와 부리가 급한 경사를 이루고 있다. 부리와 다리는 검은색이다.
생태 번식기에는 산림 지대에서 단독으로 또는 암수가 함께 활동하며 비번식기에는 무리를 이루어 저지대로 이동한다. 주로 침엽수의 높은 가지에 나뭇가지를 이용하여 큰 밥그릇 모양의 둥지를 만든다. 설치류, 양서류, 파충류, 곤충, 곡류 등을 먹는 잡식성 조류이다.
☞ 218

큰소쩍새 [천연]
학명 *Otus lempiji*
영어명 Collared Scops Owl
북한명 큰접동새
분류 올빼미목 올빼밋과
이동성 흔치 않은 텃새
지리적 분포 한반도와 일본 전역, 시베리아 동남부 등지
서식지 주로 인가 주변의 야산, 산림
몸길이 24센티미터
형태 긴 귀깃을 가진 소형의 올빼미류이다. 소쩍새와 유사하나 크기가 다소 크다. 홍채가 붉은색 또는 주황색을 띤다. 발가락은 깃털로 덮여 있고 목의 뒷부분에 밝은 회색의 띠가 있다.
생태 야행성 조류로 주로 밤에 먹이를 찾는다. 비번식기에는 작은 무리를 이루기도 한다. 주로 나무 구멍에서 번식하며 다른 맹금류의 옛 둥지를 이용하기도 한다. 대형 곤충, 양서류, 파충류, 소형 조류와 포유류 등 다양한 동물성 먹이를 먹는다.
☞ 292

큰유리새
학명 *Cyanoptila cyanomelana*
영어명 Blue-and-white Flycatcher
북한명 큰류리새
분류 참새목 딱샛과
이동성 여름 철새
지리적 분포 중국 북동부, 우리나라 등지에서 번식. 중국 남부와 인도네시아, 보르네오, 필리핀 등지에서 월동
서식지 주로 평지와 산지의 산림 및 계곡
몸길이 16.5센티미터
형태 수컷의 등은 광택이 있는 파란색, 얼굴과 가슴은 검은색, 배는 흰색이다. 암컷의 등은 갈색, 가슴과 목은 회갈색, 배는 흰색이다.
생태 주로 나뭇가지 위에 앉아 있다가 날아다니는 곤충을 발견하면 공중에서 잡아먹은 후 다시 제자리로 돌아온다. 절벽이나 계곡의 흙벽에 이끼를 이용해 밥그릇 모양의 둥지를 만들며 흰색 또는 황갈색의 알을 3~5개 낳는다.

큰재갈매기
학명 *Larus schistisagus*
영어명 Slaty-backed Gull
북한명 큰재갈매기
분류 도요목 갈매깃과
이동성 흔한 겨울 철새
지리적 분포 캄차카에서 사할린까지, 오호츠크 해 주변에서 홋카이도까지 국지적으로 번식. 중국, 우리나라, 대만 등지에서 월동
서식지 우리나라 전국의 해안과 바다에 인접한 하천 및 하구
몸길이 65센티미터
형태 머리와 아랫면은 흰색, 등과 날개 윗면은 어두운 회색을 나타낸다. 다리는 짙은 분홍색이다. 겨울에는 머리, 목과 가슴 윗부분에 뚜렷한 줄무늬가 나타난다.
생태 주로 섬이나 해안 근처의 암벽과 바위에서 집단으로 번식한다. 물고기를 비롯하여 연체동물과 갑각류, 음식물 쓰레기와 죽은 동물의 사체 등 다양한 먹이를 먹는다.

큰흰죽지
학명 *Aythya valisineria*
영어명 Canvasback
북한명 미기록
분류 기러기목 오릿과
이동성 겨울 철새
지리적 분포 알래스카와 캐나다 및 북미 중서부 등지에서 번식. 미국 남부, 멕시코 등지에서 월동
서식지 호수, 저수지, 하천, 하구
몸길이 55센티미터
형태 머리는 붉은색, 등과 날개는 흰색이다. 부리와 가슴은 검은색이고 옆구리는 흰색이다. 암컷의 머리와 가슴은 적갈색을 띠며 목과 등은 회갈색이다.
생태 낙동강, 천수만, 대호저수지 등에서 관찰된 기록이 있다. 주로 물속에 잠수하여 수초의 잎과 줄기, 수서 무척추동물과 작은 물고기 등을 찾아 먹는다.

파랑새
학명 *Eurystomus orientalis*
영어명 Broad-billed Roller 또는 Dollarbird
북한명 청조
분류 파랑새목 파랑샛과
이동성 여름 철새
지리적 분포 만주에서 인도네시아에 이르는 아시아 전역과 호주
서식지 개활지, 농경지와 이에 인접한 산림
몸길이 29.5센티미터
형태 몸은 푸른색 광택이 있는 녹색이며, 머리와 날개 끝은 검다. 날 때 첫째날개깃의 흰색 반점이 뚜렷하게 보인다. 부리와 다리는 붉은색이고 머리가 비교적 큰 편이다.
생태 침엽수림 또는 인접한 낙엽 활엽수림에서 오래된 나무 구멍, 딱따구리의 둥지, 큰 인공 새집 등을 둥지로 사용한다. 무늬가 없는 흰색의 알을 3~5개 낳는다. 주로 날아다니며 공중에서 곤충을 잡아먹는다.
☞ 91

팔색조 [천연] [보호]
학명 *Pitta brachyura*
영어명 Fairy Pitta
북한명 팔색조
분류 참새목 팔색조과
이동성 흔치 않은 여름 철새 및 나그네새
지리적 분포 중국 남부와 대만 등의 아시아 동부 및 남부 지역
서식지 제주도와 남해안의 활엽수림과 계곡
몸길이 18센티미터
형태 정수리는 어두운 갈색이며 등과 날개는 녹색이다. 눈 주변에서 목덜미까지 검은색의 굵은 띠가 있다. 가슴과 배는 흐린 노란색, 아랫배는 선명한 붉은색이다. 날개 덮깃과 허리는 광택이 있는 하늘색이다.
생태 어둡고 습기가 많은 낙엽 활엽수림이나 상록 활엽수림, 계곡 주변에서 생활하고 바위틈이나 나뭇가지 사이에 둥지를 만든다. 숲 바닥에서 낙엽을 헤치며 지렁이와 곤충 등을 찾아 먹는다.

학도요
- **학명** *Tringa erythropus*
- **영어명** Spotted Redshank
- **북한명** 학도요
- **분류** 도요목 도욧과
- **이동성** 나그네새
- **지리적 분포** 스칸디나비아에서 시베리아 동부에 이르는 고위도 지역에서 번식. 아프리카, 인도, 우리나라, 일본 등에서 월동
- **서식지** 논, 갯벌, 하구, 호수 및 저수지
- **몸길이** 30센티미터
- **형태** 여름에는 몸 전체가 검은색이며 등에는 흰색 반점이 많다. 눈가위는 흰색이다. 겨울에 몸의 윗면은 회갈색이며 흰색의 얼룩점이 많다. 부리는 가늘고 검은색이고 아랫부리의 일부만 붉은색을 띤다.
- **생태** 고위도 지방의 툰드라 일대에서 오목한 땅 위에 접시 모양의 둥지를 만든다. 작은 새우, 양서류, 곤충 등을 먹는다.

할미새사촌
- **학명** *Pericrocotus divaricatus*
- **영어명** Ashy Minivet
- **북한명** 분디새
- **분류** 참새목 할미새사촌과
- **이동성** 흔치 않은 나그네새, 여름 철새
- **지리적 분포** 시베리아, 일본, 우리나라 등지에서 번식. 동남아시아에서 월동
- **서식지** 산림에서 번식. 이동 시기에는 우리나라 전역의 산림과 개활지
- **몸길이** 20센티미터
- **형태** 몸의 아랫면은 흰색, 윗면은 회색이다. 정수리에서 목덜미까지는 검은색이다. 암컷은 수컷과 유사하나 머리가 회색이다.
- **생태** 날아갈 때에는 직박구리처럼 파도형으로 난다. 주로 나무 위에서 생활하여 땅으로 내려오는 일이 거의 없다. 주로 산림이나 인가 주변의 나무 위에 밥그릇 모양의 둥지를 만들고 청백색 바탕에 갈색 점들이 있는 알을 4~5개 낳는다. 곤충과 거미 등을 먹는다.

해오라기
- **학명** *Nycticorax nycticorax*
- **영어명** Black-crowned Night Heron
- **북한명** 산골물까마귀
- **분류** 황새목 백로과
- **이동성** 여름 철새, 텃새
- **지리적 분포** 우리나라와 일본, 사할린을 포함한 유라시아, 아프리카 등지에서 번식. 대만, 필리핀, 말레이 반도 등에서 월동
- **서식지** 우리나라 중부 이남 지역의 하천, 논, 저수지, 초습지
- **몸길이** 57센티미터
- **형태** 정수리에서 목덜미까지 검은색이며 정수리에는 선명한 흰색의 장식깃이 있다. 등은 녹색을 띤 검은색이다. 날개는 회색이며 부리는 검은색이다. 눈은 붉은색이고 다리는 노란색이다.
- **생태** 주로 밤에 활동하지만 낮에도 먹이를 찾는다. 백로류의 집단 번식지에서 함께 번식한다. 물고기, 갑각류, 양서류, 파충류 등을 먹는다.
- ☞ 34, 42, 172, 175, 208

호반새
- **학명** *Halcyon coromanda*
- **영어명** Ruddy Kingfisher
- **북한명** 호반새
- **분류** 파랑새목 물총새과
- **이동성** 흔치 않은 여름 철새
- **지리적 분포** 우리나라, 일본, 만주에서 번식. 중국 남부와 필리핀 등지에서 월동
- **서식지** 산림의 계곡, 호수 및 저수지, 하천 주변의 숲
- **몸길이** 27센티미터
- **형태** 몸 전체는 선명한 붉은색이다. 몸 아랫면은 밝은 적갈색이며 다리는 붉은색이다. 부리는 붉은색으로 두껍다.
- **생태** 주로 산림과 계곡 내부에서 서식하며 보통 나무 위에서 생활한다. 오래된 나무의 구멍에서 번식하며, 무늬가 없는 흰색의 알을 5~6개 정도 낳아 암수가 번갈아 품는다. 물고기를 비롯하여 개구리, 가재, 곤충, 작은 뱀 등을 주로 먹는다.

혹고니 천연 멸종
- **학명** *Cygnus olor*
- **영어명** Mute Swan
- **북한명** 혹고니
- **분류** 기러기목 오릿과
- **이동성** 흔치 않은 겨울 철새
- **지리적 분포** 유럽과 아프리카 북부, 러시아 중남부와 몽골, 아시아 서남부, 인도 등 넓은 지역에 분포
- **서식지** 경포호, 송지호 등 동해안 북부 지역의 석호, 천수만
- **몸길이** 152센티미터
- **형태** 몸 전체가 흰색이며 부리는 주황색이다. 부리의 기부와 눈앞에 있는 혹은 검은색이다.
- **생태** 겨울에는 가족을 중심으로 무리를 이룬다. 짝을 바꾸지 않는 것으로 알려져 있다. 습지에 큰 사발 모양의 둥지를 만들고 밝은 청록색을 띤 흰색 알을 5~7개 낳는다. 큰고니와 고니와는 달리 헤엄칠 때 목을 약간 굽히거나 날개를 위로 부풀리는 경우가 많다.

혹부리오리
- **학명** *Tadorna tadorna*
- **영어명** Common Shelduck
- **북한명** 꽃진경이
- **분류** 기러기목 오릿과
- **이동성** 겨울 철새
- **지리적 분포** 유럽 북부에서 아프리카 북부까지, 인도, 중국 남부와 우리나라, 일본 등지
- **서식지** 남해안과 서해안의 갯벌과 하구 주변
- **몸길이** 63센티미터
- **형태** 몸은 흰색이고 머리는 광택 있는 녹색이다. 부리와 다리는 붉은색이다. 수컷의 가슴과 등에는 갈색 띠가 선명하며 번식기에는 윗부리의 혹이 커진다. 암컷은 수컷과 유사하나 뺨과 부리 주변에 불규칙적인 흰색 깃이 나타나며 전반적으로 색이 흐리다.
- **생태** 큰 무리를 이루어 강 하구와 갯벌에서 주로 월동한다. 밤에는 인근의 농경지로 이동하기도 한다. 작은 물고기, 해초 등을 먹는다.

홍머리오리
학명 *Anas penelope*
영어명 Eurasian Wigeon
북한명 알숭오리
분류 기러기목 오릿과
이동성 겨울 철새
지리적 분포 유라시아 대륙 고위도 지방의 광범위한 지역에서 번식 후 남하하여 월동
서식지 우리나라 전역의 하천, 하구, 호수 및 저수지, 해안
몸길이 49센티미터
형태 수컷의 머리는 붉은색을 띤 갈색이며, 이마는 선명한 노란색이다. 가슴은 분홍색을 띤 갈색이며, 엉덩이는 검은색으로 보인다. 앉아 있을 때 몸 옆으로 뚜렷한 가로줄이 보인다. 암컷은 다른 오리류에 비해 붉은색을 띠고 있다. 암수 모두 부리가 회색이며 끝이 검은색이다.
생태 보통 단독으로 작은 무리를 이루지만 다른 오리류와 어울리기도 한다. 주로 수초나 해초를 먹고 수서 무척추동물도 먹는다.
☞ 53, 242

황로
학명 *Bubulcus ibis*
영어명 Cattle Egret
북한명 누른물까마귀
분류 황새목 백로과
이동성 여름 철새
지리적 분포 구북구에 폭넓게 분포
서식지 우리나라 전역의 하천과 논, 개활지, 습지
몸길이 50센티미터
형태 전체적으로 흰색이지만 여름에는 머리, 목, 등의 일부가 선명한 주황색이다. 겨울에는 몸의 주황색이 없어지면서 몸 전체가 순백색을 띤다. 부리는 주황색 또는 붉은색이며 다리는 검은색이다.
생태 다른 백로류에 비해 물 안쪽보다는 습지 주변의 초지와 농경지를 선호한다. 백로류와 함께 집단으로 번식한다. 나무 위에 나뭇가지를 엮어 엉성한 접시 모양의 둥지를 만들고 푸른빛을 띤 흰색의 알을 3~5개 낳는다. 곤충과 개구리 등을 잡아먹는다.
☞ 244

황새 [천연] [멸종]
학명 *Ciconia boyciana*
영어명 Oriental White Stork
북한명 황새
분류 황새목 황새과
이동성 흔치 않은 겨울 철새, 나그네새
지리적 분포 시베리아, 연해주 남부, 중국 동부, 우리나라에 분포. 우리나라와 일본의 고유 개체군은 멸종하였고 우리나라에는 겨울 철새로 드물게 찾아옴
서식지 하천, 저수지 등의 내륙 습지와 이에 인접한 농경지, 개활지 등
몸길이 115센티미터
형태 몸은 희고 날개는 검다. 검은색의 큰 부리를 가지고 있으며 눈 가장자리와 턱은 깃털이 없이 붉은색의 피부가 드러나 있다. 다리는 붉은색이다.
생태 소리를 내어 울지 못하고 부리를 딱딱 부딪쳐서 소리를 낸다. 물고기, 양서류, 파충류, 갑각류 등을 먹는다.
☞ 295

황여새
학명 *Bombycilla garrulus*
영어명 Bohemian Waxwing
북한명 황새
분류 참새목 여샛과
이동성 겨울 철새
지리적 분포 유럽에서 캄차카에 이르는 구북구 전체에서 광범위하게 분포. 시베리아의 타이가 지대에서 번식
서식지 숲 가장자리, 도시의 정원과 공원
몸길이 20센티미터
형태 짧게 솟아 오른 댕기를 가지고 있으며, 전체 몸 색깔은 회갈색이다. 꽁지 끝에는 선명한 노란색 띠가 있다. 눈선과 턱은 검은색이고 날개에 흰 줄이 있다. 배는 회색이다.
생태 큰 무리를 이루어 생활한다. 보통 나무 위에서 생활하며 물을 마실 때에만 땅으로 내려온다. 주로 열매를 먹는다.

황오리
학명 *Tadorna ferruginea*
영어명 Ruddy Shelduck
북한명 진경이
분류 기러기목 오릿과
이동성 흔치 않은 겨울 철새
지리적 분포 구북구와 유라시아 대륙의 온대 지역에서 광범위하게 번식. 인도와 중국 남부, 일본, 우리나라 등지에서 월동
서식지 하천, 하구, 호수 및 저수지와 이에 인접한 농경지, 개활지 등
몸길이 64센티미터
형태 몸 전체가 선명한 주황색을 보인다. 수컷의 머리는 주황빛이 나는 흰색이고 암컷은 밝은 흰색이다. 꽁지와 부리, 다리는 모두 검은색이다. 날아갈 때 날개의 흰색과 검은색이 선명한 대조를 이룬다.
생태 기러기와 유사하게 농경지에서 주로 생활하며 다른 오리류와 별도로 무리를 이룬다. 보리와 같은 식물의 싹이나 농경지에 떨어진 곡식을 주로 먹는다.

황조롱이 [천연]
학명 *Falco tinnunculus*
영어명 Common Kestrel
북한명 조롱이
분류 매목 맷과
이동성 흔한 텃새
지리적 분포 유럽과 아프리카, 중국, 러시아, 인도, 동남아시아 지역
서식지 야외의 개활지, 농경지, 도시의 건물이나 공원
몸길이 수컷 33센티미터, 암컷 38.5센티미터
형태 긴 꽁지 끝에 넓은 검은색 띠가 있다. 수컷은 머리와 꽁지가 청회색이며, 등과 날개 윗면에 적갈색 바탕에 검은색의 반점이 많다. 암컷은 머리와 꽁지가 등의 색과 비슷한 적갈색이다.
생태 번식기를 제외하고는 단독으로 생활한다. 둥지는 따로 만들지 않고 절벽이나 암벽, 아파트와 같은 고층 건물의 틈에 흰색 바탕에 적갈색의 무늬가 있는 알을 4~6개 낳는다. 공중에서 빠른 날갯짓으로 정지 비행을 하며 먹이를 찾는다. 주로 소형 설치류와 곤충을 먹는다.

후투티
- **학명** *Upupa epops*
- **영어명** Hoopoe
- **북한명** 후투디
- **분류** 참새목 후투팃과
- **이동성** 여름 철새
- **지리적 분포** 시베리아 동부에서부터 우리나라와 중국 북동부, 히말라야 동부까지 분포. 중국 남부와 동남아시아 지역에서 월동
- **서식지** 야산에 인접한 농경지, 개활지
- **몸길이** 28센티미터
- **형태** 길게 뻗은 머리깃과 아래로 굽은 가는 부리가 독특하다. 몸은 황갈색이고 날개는 흑백의 뚜렷한 대비를 보인다. 머리깃은 경계하거나 놀랐을 때 세우지만 보통은 접혀 있는 경우가 많다.
- **생태** 나무 구멍이나 건물의 틈, 돌담 등에서 번식하며 회백색 또는 황백색의 알을 5~8개 낳는다. 농경지나 초지, 거름더미 등에서 긴 부리를 이용해 땅강아지 같은 곤충과 그 유충 등을 찾아 먹는다.

☞ 124, 160

흑꼬리도요
- **학명** *Limosa limosa*
- **영어명** Black-tailed Godwit
- **북한명** 검은꼬리마도요
- **분류** 도요목 도욧과
- **이동성** 나그네새
- **지리적 분포** 캄차카 반도에서 시베리아 동부에 이르는 지역에서 번식. 동남아시아 또는 호주에서 월동
- **서식지** 서해안과 남해안의 갯벌과 염전, 해안에 가까운 논, 하천
- **몸길이** 38센티미터
- **형태** 머리에서 가슴까지는 적갈색이며 가슴과 배에는 진한 갈색의 줄무늬가 있다. 길고 곧은 부리는 연주황색이고 끝 부분만 검은색이다. 허리는 흰색이다. 꽁지는 흰색이지만 끝에는 검은색 굵은 띠가 있다.
- **생태** 큰 무리를 이루어 생활한다. 이동 시기에는 갯벌보다는 내륙의 습지와 논을 좋아한다. 갑각류 및 각종 수서 무척추동물을 잡아먹으며 일부 씨앗도 먹는다.

☞ 166, 227

흑두루미 [천연] [보호]
- **학명** *Grus monacha*
- **영어명** Hooded Crane
- **북한명** 갯두루미
- **분류** 두루미목 두루밋과
- **이동성** 흔치 않은 겨울 철새 및 나그네새
- **지리적 분포** 시베리아, 중국 동북부 지역에 국한해서 번식. 우리나라와 일본, 중국에서 월동
- **서식지** 농경지, 개활지, 갯벌, 하구 등 습지 주변
- **몸길이** 100센티미터
- **형태** 흰색의 머리와 목을 제외한 몸 전체가 검은색이다. 이마는 검고 정수리는 피부가 드러나 있어 붉은색을 띤다.
- **생태** 일부일처제로 짝을 바꾸지 않고 가족 중심의 무리로 생활한다. 물고기와 양서류, 파충류, 갑각류, 일부 설치류 등을 먹으며 겨울에는 농경지에서 떨어진 낙곡과 풀뿌리 등을 많이 먹는다.

흑로
- **학명** *Egretta sacra*
- **영어명** Pacific Reef Egret
- **북한명** 검은왜가리
- **분류** 황새목 백로과
- **이동성** 흔치 않은 텃새
- **지리적 분포** 아시아와 호주 등 태평양 서부 지역을 따라 폭넓은 지역에서 분포
- **서식지** 우리나라 남해안과 제주도의 해안 지역과 도서 지역
- **몸길이** 58센티미터
- **형태** 몸 전체가 푸른색 광택을 띤 검은색이다. 개체에 따라 목 부분에 흰 깃이 나타나기도 한다. 번식기에는 머리, 목, 등에 장식깃이 길게 늘어진다. 부리는 노란색을 띤 암갈색이며 다리는 노란색이다.
- **생태** 보통 단독으로 또는 암수가 함께 생활하며, 해안의 절벽과 암벽의 선반 위에 나뭇가지와 마른 풀을 이용하여 엉성한 접시 모양의 둥지를 만든다. 4월에서 6월까지 옅은 청록색의 알을 3~5개 낳는다.

흰기러기
- **학명** *Anser caerulescens*
- **영어명** Snow Goose
- **북한명** 흰기러기
- **분류** 기러기목 오릿과
- **이동성** 흔치 않은 겨울 철새
- **지리적 분포** 시베리아 동북부와 북미 대륙의 북극권 일대에서 국지적으로 번식. 북미 대륙과 일본, 우리나라 등지에서 월동
- **서식지** 하천, 호수, 저수지 등과 이에 인접한 농경지
- **몸길이** 67센티미터
- **형태** 검은색의 첫째날개깃을 제외한 몸 전체가 흰색이다. 부리는 짧고 두꺼우며 부리와 다리는 분홍색이다.
- **생태** 보통 소수가 단독으로 도래하여 쇠기러기 무리와 함께 생활한다. 겨울철에는 풀뿌리와 수초, 농경지의 낟알 등을 주로 먹는다. 일부 수서 무척추동물과 곤충을 먹기도 한다.

흰꼬리수리 [천연] [멸종]
- **학명** *Haliaeetus albicilla*
- **영어명** White-tailed Sea Eagle
- **북한명** 흰꼬리수리
- **분류** 매목 수릿과
- **이동성** 흔치 않은 겨울 철새
- **지리적 분포** 유라시아 대륙에 걸쳐 폭넓게 분포
- **서식지** 해안, 하천과 하구, 일부 내륙의 저수지
- **몸길이** 수컷 84센티미터, 암컷 94센티미터
- **형태** 큰 날개와 흰색의 짧은 꽁지를 가진 대형 수리류이다. 몸은 어두운 갈색을 띠고 있으나 머리는 노란빛이 있는 밝은 갈색이다. 부리와 다리는 노란색이다.
- **생태** 보통 단독으로 생활하지만 월동기에는 소규모 무리를 이루기도 한다. 대형 어류와 각종 중소형 포유류 및 조류를 잡아먹으며 종종 동물의 사체를 먹기도 한다.

☞ 16, 258, 291

흰날개해오라기
학명 *Ardeola bacchus*
영어명 Chinese Pond Heron
북한명 흰날개물까마귀
분류 황새목 백로과
이동성 흔치 않은 여름 철새, 겨울 철새
지리적 분포 말레이시아와 인도네시아, 필리핀, 중국 등지
서식지 논, 하천, 호수 및 저수지 등의 내륙 습지, 농경지
몸길이 45센티미터
형태 머리와 목, 가슴은 적갈색이며, 등은 검은색, 날개와 꽁지는 흰색이다. 댕기깃을 가지고 있다. 부리는 노란색이며 끝은 검은색이다. 다리는 노란색이다.
생태 다른 백로류와 함께 번식한다. 나무 위에 나뭇가지를 이용하여 엉성한 접시 모양의 둥지를 만들고 3~6개의 알을 낳는다. 우리나라에는 철원과 김포에서 소수가 번식한 기록이 있는 여름 철새이나, 남부 지방에서는 드물게 월동도 한다.

흰눈썹황금새
학명 *Ficedula zanthopygia*
영어명 Tricolor Flycatcher
북한명 흰눈섭황금새
분류 참새목 딱샛과
이동성 흔치 않은 여름 철새
지리적 분포 바이칼 호수와 몽골 동부, 만주와 우리나라, 중국 동북부 등지에 분포. 동남아시아 지역에서 월동
서식지 전국의 산림, 공원, 정원
몸길이 13센티미터
형태 몸의 윗면은 검은색, 아랫면은 노란색이며 날개에는 흰색 무늬가 있다. 암컷은 전체적으로 수수한 갈색이며 허리는 노란색이다. 날개에는 수컷과 유사한 흰색 무늬가 나타난다.
생태 주로 나무와 덤불 위에서 활동하지만 가끔 땅에서 먹이를 찾기도 한다. 나무 구멍이나 인공 새집을 둥지로 사용한다. 1980년대 이전까지는 흔한 여름 철새였으나 그 후 개체수가 계속 감소하고 있다.
☞ 300

흰목물떼새
학명 *Charadrius placidus*
영어명 Long-billed Plover
북한명 흰목알도요
분류 도요목 물떼샛과
이동성 흔치 않은 나그네새 및 여름 철새
지리적 분포 우리나라, 만주와 연해주, 일본 홋카이도와 중국 북동부에서 번식. 중국 남부에서 월동
서식지 내륙의 하천과 저수지
몸길이 21센티미터
형태 등은 황갈색이고 목과 배는 흰색, 다리는 주황색이다. 여름에는 가슴의 검은색 줄무늬가 흰죽지꼬마물떼새와 꼬마물떼새 등에 비해 가늘어진다. 겨울에는 이 줄무늬가 희미해진다.
생태 주로 자갈과 모래로 이루어진 하천의 중상류에서 번식한다. 붉은빛이 도는 황갈색 바탕에 암갈색, 회색 등의 점이 퍼져 있는 알을 3~4개 낳는다. 작은 곤충과 수서 무척추동물 등을 잡아먹는다.
☞ 116, 120

흰물떼새
학명 *Charadrius alexandrinus*
영어명 Kentish Plover
북한명 흰가슴알도요
분류 도요목 물떼샛과
이동성 나그네새 및 여름 철새
지리적 분포 중국 북부와 몽골, 우리나라, 일본 홋카이도 등지
서식지 해안, 갯벌, 하구, 호수와 저수지
몸길이 17센티미터
형태 등은 암갈색이며 아랫면은 흰색이다. 가슴에는 검은색 띠가 있으나 중앙 부분이 서로 연결되어 있지 않다. 수컷의 이마와 눈썹선은 흰색이다. 번식기에는 정수리가 밝은 갈색이 된다. 암컷은 수컷에 비해 전반적으로 색채가 흐리며 정수리에 밝은 갈색이 나타나지 않는다.
생태 하천의 중하류 일대나 해안의 모래밭을 오목하게 파서 둥지를 만든다. 황갈색 바탕에 암갈색의 점이 불규칙하게 있는 알을 3개 정도 낳는다. 곤충과 수서 무척추동물 등을 먹는다.
☞ 112, 122, 130

흰배멧새
학명 *Emberiza tristrami*
영어명 Tristram's Bunting
북한명 흰배멧새
분류 참새목 멧샛과
이동성 흔한 나그네새
지리적 분포 시베리아 동부, 중국 동북부에서 번식. 중국 남부에서 월동
서식지 봄과 가을에 우리나라 전역의 농경지와 산림을 통과
몸길이 14센티미터
형태 수컷은 멱과 머리가 검은색이고 귀깃에 흰 점이 선명하게 나타난다. 머리중앙선, 눈썹선 및 턱선은 흰색이며 허리와 꽁지는 적갈색이다. 배는 흰색이지만 가슴과 옆구리에 갈색 줄무늬가 있다. 암컷은 수컷과 비슷하나 머리 부분의 검은색이 선명하지 않고 옅다.
생태 이동 시기에는 같은 종끼리만 또는 다른 촉새류와 작은 무리를 이루기도 한다. 주로 곤충과 초본류의 씨앗을 먹는다.

흰배지빠귀
학명 *Turdus pallidus*
영어명 Pale Thrush
북한명 흰배티티
분류 참새목 지빠귓과
이동성 여름 철새
지리적 분포 중국 북동부와 러시아 일부 지역, 우리나라, 일본 등지에서 번식
서식지 주로 산림, 겨울철에는 도심의 공원과 개활지에서도 관찰 가능
몸길이 23센티미터
형태 수컷의 머리와 멱은 회색인데 갈색을 띠는 몸보다 어둡게 보인다. 등은 올리브색을 띤 갈색이며 배는 흰색, 옆구리는 어두운 갈색이다. 암컷은 수컷에 비해 몸 색깔이 전반적으로 흐리다.
생태 번식기에는 암수가 함께 생활하며 비번식기에는 무리를 짓는다. 숲 속의 나뭇가지 위에 식물의 줄기와 뿌리 등으로 밥그릇 모양의 둥지를 만든다. 바닥에서 곤충이나 지렁이, 씨앗을 찾아 먹는다.

흰뺨검둥오리
학명 *Anas poecilorhyncha*
영어명 Spot-billed Duck
북한명 검독오리
분류 기러기목 오릿과
이동성 텃새
지리적 분포 우리나라, 일본, 중국 등 아시아 북동부 지역
서식지 논, 하천, 하구, 호수 및 저수지, 내륙 습지
몸길이 61센티미터
형태 암수가 비슷하다. 몸 전체가 어두운 갈색이며, 머리는 비교적 밝은 황갈색으로 먼 거리에서는 흰색으로 보인다. 부리는 검은색인데 끝 부분은 선명한 노란색이다. 다리는 주황색이다.
생태 우리나라 전역의 하천과 하구, 저수지, 논 등 대부분의 습지 주변의 풀숲 속에서 번식한다. 식물의 줄기와 풀잎 등을 이용하여 접시 모양의 둥지를 만들고 흰색의 알을 10~12개 낳는다. 곤충과 각종 무척추동물, 농작물과 벼 낟알 등 다양한 먹이를 먹는 잡식성이다.
☞ 29, 37, 128, 191, 224, 247, 261

흰뺨오리
학명 *Bucephala clangula*
영어명 Common Goldeneye
북한명 흰뺨오리
분류 기러기목 오릿과
이동성 흔치 않은 겨울 철새
지리적 분포 북미와 지중해, 인도 북부, 우리나라, 일본, 대만 등지
서식지 겨울철에는 주로 해안, 호수 및 저수지, 하천, 하구
몸길이 45센티미터
형태 수컷의 머리에는 녹색 광택이 있으며 뺨에는 희고 둥근 점이 선명하게 나타난다. 목과 옆구리, 가슴 등은 선명한 흰색이고 부리는 검은색이다. 암컷은 머리가 암갈색이고 몸은 회색이다. 검은색 부리 끝에는 노란색 띠가 있다.
생태 여름철에는 내륙 지방에서 나무 구멍, 인공 새집, 나무 그루터기, 바위 구멍 등에 둥지를 만든다. 녹색 빛이 나는 흰색의 알을 8~15개 낳는다. 잠수를 하여 각종 수서 무척추동물, 조개 등을 먹는다.

흰점찌르레기
학명 *Sturnus vulgaris*
영어명 Common Starling
북한명 미기록
분류 참새목 찌르레기과
이동성 길 잃은 새, 흔치 않은 겨울 철새
지리적 분포 구북구 대륙에 폭넓게 분포
서식지 도시와 농촌의 개활지, 농경지, 공원
몸길이 21센티미터
형태 몸 전체가 보라색 광택을 띤 검은색이며 흰점이 많다. 부리는 가늘고 길며 뾰족하다. 부리는 노란색, 다리는 붉은색이다. 겨울에는 흰점이 많아진다.
생태 군집성이 강하여 큰 무리를 이뤄 생활한다. 다른 찌르레기류와 무리를 이루기도 한다. 곤충과 소형의 양서류, 파충류, 각종 열매와 씨앗 등 다양한 먹이를 먹는다.

흰죽지
학명 *Aythya ferina*
영어명 Common Pochard
북한명 흰죽지오리
분류 기러기목 오릿과
이동성 겨울 철새
지리적 분포 아프리카 북부를 포함한 구북구 전역에 폭넓게 분포
서식지 하천, 하구, 호수 및 저수지, 해안 등
몸길이 46센티미터
형태 수컷의 머리는 붉고 가슴은 검은색이다. 등과 옆구리는 회색을 띤 흰색이다. 암컷은 머리, 가슴과 목이 적갈색을 띠며 턱은 황백색을 띤다. 부리는 검은색이고 윗부리의 중간 부분에는 회색 무늬가 있다.
생태 호수 및 저수지, 하천의 수초가 우거진 곳에서 식물의 줄기와 잎, 이끼 등을 이용하여 접시 모양의 둥지를 만들고 녹색을 띤 회색의 알을 6~9개 낳는다. 겨울철에는 다른 오리류와 무리를 이루어 생활한다. 물속으로 잠수해서 수서 곤충과 작은 물고기 등을 잡아먹는다.
☞ 242

흰줄박이오리
학명 *Histrionicus histrionicus*
영어명 Harlequin Duck
북한명 흰무늬오리
분류 기러기목 오릿과
이동성 흔치 않은 겨울 철새
지리적 분포 시베리아 동부와 바이칼 호, 사할린과 쿠릴 열도 등지에서 번식. 북미의 북동부, 일본과 동북아시아의 해안에서 월동
서식지 암초가 산재하는 해안과 항구
몸길이 43센티미터
형태 수컷은 금속광택이 나는 검은색 몸에 선명한 흰색 점과 줄무늬가 있다. 옆구리는 붉은색이지만 먼 거리에서는 몸 전체가 흰 줄이 있는 검은색으로 보인다. 암컷은 몸 전체가 암갈색이고 머리에만 3개의 흰 점이 있다.
생태 물속으로 잠수해서 작은 어류, 연체동물, 갑각류 등을 잡아먹는다.

힝둥새
학명 *Anthus hodgsoni*
영어명 Olive-backed Pipit
북한명 숲종다리
분류 참새목 할미새과
이동성 나그네새, 여름 철새
지리적 분포 중앙아시아와 동아시아에서 번식. 동남아시아에서 월동
서식지 우리나라에서는 백두산 등지의 북부 고산 지역에서 번식. 이동 시기에는 나무가 산재하는 개활지, 숲의 가장자리, 농경지 주변
몸길이 16센티미터
형태 등은 갈색을 띤 녹색이며 희미한 검은색 줄무늬가 있다. 가슴과 옆구리는 황갈색이며, 검은색 줄무늬가 뚜렷하다. 눈썹선은 흰색이고 귀깃에는 흰점이 있다. 다리는 황갈색이다.
생태 식물의 줄기와 잎, 이끼 등을 이용하여 잡목림과 초지의 땅 위에 밥그릇 모양의 둥지를 만든다. 청백색의 바탕에 암갈색의 얼룩이 있는 알을 3~5개 낳는다. 곤충, 거미, 작은 씨앗 등을 먹는다.

자연과 새, 그리고 나

자연과의 만남

하늘 天 땅 地 검을 玄 누를 黃……
새 鳥 벼슬 官 사람 人 임금 皇……

유년 시절 할아버지께 붙잡혀 천자문을 읽을 때면 지루함을 조금이라도 덜어 보고자 어깨를 전후좌우로 흔들며 짐짓 낭랑한 목소리를 내었다. 할아버지의 담뱃대가 언제 날아올지 몰라 꾸벅꾸벅 졸 수도 없었다. 마당에 있는 돌배나무의 거미줄에 걸린 매미가 내지르는 소리에 흘낏 한눈팔면 번쩍 담뱃대가 머리를 다녀가고 머리가 뻐개지는 고통과 함께 그 자리에 커다란 혹이 생겼다. 글을 읽다가 식사 때가 되어 할아버지 진짓상이 들어오거나 손님이 찾아오면 글 읽기에서 해방된다는 기쁨에 그렇게 좋을 수가 없었다. 할아버지를 찾아오는 손님 중에는 두루미 다리로 만든 지팡이를 짚고 다니시는 분이 계셨다. 발가락을 오그려 만든 손잡이에다 야무지게 땅을 딛고 있는 새까맣고 미끈한 두루미 다리가 아직도 생생하게 기억이 난다.

처음으로 살아 있는 새를 손에 쥐어 보게 된 것도 그때쯤이었다. 배나무의 거미줄에 참새가 걸려 버둥거리고 있기에 손으로 잡아 거미줄에서 빼내 주었다. 참새는 작은 부리로 내 손등을 쪟고 날개를 퍼드덕거리며 달아나고자 몸부림을 쳤다. 손바닥으로 팔딱거리는 작은 심장의 박동이 전해져 왔다. 잡은 참새는 발목에 실을 묶어 어딘가에 매어 놓았는데 얼마 후 가 보니 날아가 버리고 없었다. 한번은 개울가에서 물놀이를 하고 있는데 눈부시게 화려한 무엇인가가 쏜살같이 날아와 개울가 옆 둑에 있는 작은 구멍으로 들어가는 것이었다. 무엇일까 궁금한 마음에 살금살금 다가가 구멍에 손을 집어넣어 잡히는 대로 꺼내 보았다. 나중에 안 것이지만 그곳은 물총새의 둥지였다. 손에 잡힌 물총새는 가는 울음소리를 내며 부리로 내 손을 쪼아 댔고 잠시 동안 물총새 깃털의 화려한 색깔을 감상한 후에 놓아주었다.

서울에서 나고 자란 나에게는 모든 것이 신기하기만 했다. 서울에서 초등학교를 다니던 중에 한국 전쟁이 터졌고 가족 모두가 충청남도 서산에 있는 할아버지 댁에서 피난 생활을 하고 있던 차였다. 개울에는 신기한 것도 많고 놀 거리도 많아 틈만 나면 할아버지의 눈을 피해 개울로 달려갔다. 생전 처음 보는 모래무지와 붕어, 피라미 등을 잡아서 신고 있던 검은 고무신을 벗어 거기에 넣은 다음 물 위에 띄워 놓고 노느라 하루해가 다 가는 줄도 몰랐다. 해가 지고 날이 어둑어둑해져서도 내가 돌아오지 않는 날에는 온 동네에 비상이 걸렸다. 물가에서 노는 나를 보았다는 동리 사람의 말에 따라 물이 있는 곳마다 장대로 쑤시며 나를 찾아다니고 너나 할 것 없이 횃불을 들고 온 동네를 이 잡듯이 찾아다녔다. 개울가에서 마을까지는 꽤 먼 거리인데다가 어둡기까지 한 밤길을 걷는다는 것은 하루 종일 노느라 지친 어린 아이에게는 곤욕일 수밖에 없었다. 터벅터벅 밤길을 걷고 있노라니 멀리서 장정이 다가오는 것이 눈에 띄었다. 서로의 얼굴을 알아볼 수 있을 만큼 거리가 가까워졌을 때 그 장정은 가타부타 말도 없이 나를 들쳐 업고 뛰기 시작했다. 장정의 등에 업혀 대문을 들어서자 마당에는 멍석이 깔려 있었다. 수많은 동리 사람들 앞에서 할아버지는 손자의 죄를 근엄하게 다스렸고 회초리 여러 대가 부러지도록 나를 매질하셨다. 회초리를 맞을 때 대문 뒤에 어머니가 서 계시다는 걸 알고 있었기에 걱정시켜 드릴까 봐 마음 놓고 울지도 못했다. 벌을 받고 난 얼마 뒤에는 어머니께서 꼭 따뜻한 밥상을 손수 차려서 가져다주셨다. 자연을 벗 삼아 시간 가는 줄 모르고 놀다 늦게 돌아와 벌을 받는 일은 그 후로도 여러 번 계속되었다.

    봄에는 유난히 놀 거리가 많았다. 새들의 알은 훌륭한 간식거리였다. 꿩 알을 주워 삶아 먹기도 하고 비둘기나 산새의 둥지를 뒤져 꺼낸 알을 깨뜨려서 대파에 넣어 구워 먹기도 했다. 둥지 안에 새끼가 있으면 잡아다가 집 뒤뜰에서 길렀다. 때까치나 꾀꼬리의 새끼에게 벌레나 개구리를 잘라서 주면 잘도 받아먹었다. 신기한 것은 어떻게 알았는지 어미 새들이 뒤뜰까지 찾아와 자기 새끼들에게 먹이를 먹이는 것이었다. 눈이 오면 토끼몰이를 하고 놀았다. 대개 하루 일정으로 아이들 7~10명이 우르르 야산 잔솔밭으로 몰려간다. 한쪽에서는 그물을 쳐 놓고 손에 몽둥이를 든 채 기다리고 있고 다른 한쪽에서는 깡통을 두드리면서 와 하고 소리를 지른다. 갑작스레 나는 시끄러운 소리에 놀란 토끼는 반대 방향으로 도망가다 그물에 걸리고 몽둥이를 들고 서 있던 아이에게 붙잡힌다. 토끼몰이 중간에 올무에 걸린 꿩을 주운 적도 있어서 토끼 7마리에다 꿩 2마리까지 잡은 기록도 있다. 우리가 잡아온 토끼와 꿩으로 그날 저녁 동네에서는 잔치가 벌어졌다.

생태 사진가의 길로

그 후 한국 전쟁이 끝나고 서울에 있는 중학교에 입학하면서 서산에서의 생활은 접게 되었다. 서울에서의 생활은 서산에서의 생활에 비하면 지루하기 짝이 없었다. 학교와 집을 오가는 지루함을 떨치기 위해 주말이나 방학이면 근교에 있는 산이나 강으로 나갔다. 등산이나 낚시를 하기도 하고 그림을 그리기도 했다. 야외에 나가서는 항상 주위에 있는 곤충과 식물을 채집하여 표본을 만들고 그림으로 남겨 놓았다. 고등학생이 되어서는 친구와 의기투합하여 뚝섬으로 사진을 찍으러 가기도 했다. 말하자면 내 생애 첫 사진 여행인 셈이었다. 당시에는 영화 필름들을 잘라다가 아무렇게나 말아 카메라용 필름으로 팔았기 때문에 나름대로 심혈을 기울여 사진을 찍어 놓고 현상을 해 보면 내가 찍은 사진이 아닌 영화 장면이 고스란히 나오곤 했다.

1961년 빨랫줄에 나란히 앉아 있는 제비들을 아래에서 올려다본 장면

1962년 경복궁 연못에서 노닐고 있는 오리들

1961년 할아버지 댁 처마 밑에 둥지를 튼 제비 가족

대학생이 된 1961년의 첫 여름 방학, 서해와 남해, 동해 바다를 찍으러 25일간 무전여행을 떠났다. 서해 대전을 출발해서 목포, 여수를 거쳐, 부산, 포항, 울진, 삼척, 강릉, 속초 등지를 지나 화진포를 끝으로 여행을 마쳤다. 새를 처음으로 찍은 것도 그해였다. 할아버지 댁 처마 밑에 둥지를 튼 제비가 새끼에게 먹이를 물어다 주는 모습과 빨랫줄에 제비 가족이 일렬로 앉아 있는 모습이 너무도 신기하여 카메라에 담았다. 그 후로 어딜 가든 카메라를 가지고 다니며 사진을 찍었는데 대상은 풍경, 절, 산, 인물 등 매우 다양했다. 결혼을 하고 아이들을 키우는 동안에는 가족끼리 자주 여행을 다녔는데 그때에도 카메라는 빠지지 않았다.

1970년대에 제주도 여행을 갔을 때였다. 해질녘 아이들과 겨울 바다를 보러 해안가로 나갔는데 바다 한가운데에서 무엇인가가 한가롭게 떠 있었다. 노랑부리저어새였다. 저녁노을을 배경으로 물 위에서 노니는 노랑부리저어새는 너무나 아름다웠고 그 즉시 카메라를 들어 사진에 담고 싶었다. 조금만 다가가도 재빨리 날아가 버리는 새를 찍는 것은 매우 어려웠지만 유유히 하늘을 나는 새의 자태는 나의 온 마음을 사로잡기에 충분했다. 그것이 계기가 되어 그 후로는 줄곧 새 사진에 매달렸다.

처음에는 제주도, 을숙도, 주남저수지, 속초, 강릉 등 항공편이 있는 곳이 주요 촬영 장소가 되었으며 그 후로는 강화도, 광릉, 천수만 등 차편이 닿는 곳은 물론 사람이 가기 힘든 산간 오지까지 계절 따라 다녔다. 여유가 있을 때에는 외국에 가서 새 사진을 찍었다. 오랫동안 여기저기를 다니다 보니 사건 사고도 많았고 재미난 일도 많았다. 1970년대만 해도 통금 시간이 있었고 해안가의 출입이 제한되어 있었기 때문에 검문 검색이 심했다. 망원 렌즈를 들고 다니다 보면 간첩으로 오인받기 십상이었다. 바닷가나 깊은 산속에서 군사 시설을 염탐했다는 의혹을 받아 모든 장비를 뺏기고 신원 조회가 끝날 때까지 발이 묶인 적도 있었다. 철새 도래지에서 사진을 찍을 때에는 현지 주민들로부터 측량을 하러 나온 정부 관리로 오인받아 원성을 듣기도 했다. 그 지역이 자연 보호 지역으로 지정되면 개발이 제한되어 땅값이 떨어질 뿐만 아니라 지역 주민들의 생계까지 곤란해질 수 있기 때문에 당시 철새 도래지 근처 지역 주민들은 낯선 사람들의 방문에 대해 매우 예민했다. 도로가 잘 발달되어 있지 않았을 때에는 교통편과 관련된 사건이 제일 많았다. 주로 새벽이나 밤 시간에 차로 이동하다 보니 비나 눈이 오는 날은 차가 길에서 미끄러지거나 빠지는 통에 오도 가도 못하고 발만 동동 구르는 일이 다반사였다. 차가 절벽에서 구르거나 타고 있던 배에 물이 차 죽을 뻔한 적도 있었다.

새들 속으로

한 장의 멋진 새 사진을 얻기 위해 무거운 장비를 어깨에 들쳐 메고 가파른 산길이나 발이 푹푹 빠지는 모래밭과 갯벌, 논 위를 걷는 것은 예사다. 카메라 본체의 무게가 약 1킬로그램, 600밀리미터 렌즈가 약 7킬로그램, 여기에다 7킬로그램의 삼각대까지 합하면 기본 장비의 무게만 15킬로그램 정도이다. 그 외 필름 및 각종 카메라 보조 장비 등을 포함하면 초인적인 힘을 발휘하지 않고서는 단 10분도 들고 서 있기조차 힘든 무게가 된다. 새 사진을 찍던 초기에는 어찌나 힘이 들던지 저녁에 숙소로 돌아와서 밤새 끙끙거리며 앓느라 잠도 제대로 자지 못했다. 직업병이라면 직업병이랄까. 그래서 사진작가들 중 다수가 관절염으로 고생을 한다.

그러나 무엇보다 견디기 힘든 것은 찌는 듯한 무더위와 살을 에는 듯한 강추위이다. 자연 상태 그대로 새의 모습을 사진에 담기 위해 위장 텐트를 치고 그 속에 들어가

잠복을 하는 경우가 많다. 여름에는 기온이 높고 바닥에서 올라오는 복사열 때문에 위장 텐트 안에 있는 것이 거의 사우나에 앉아 있는 것과 같다. 조금이라도 더위를 떨쳐 보고자 위장 텐트 안에서는 옷을 홀딱 벗고 알몸으로 있지만 그래도 여전히 땀은 비 오듯이 주르르 흐른다. 한번은 천수만에서 위장 텐트를 치고 있을 때였는데 공사를 하러 오는 트럭들이 위장 텐트를 보고 궁금했는지 빵빵거리며 경적을 울려댔다. 깜짝 놀라 알몸인 채 텐트 밖으로 뛰어 나온 나를 보고 운전기사들이 박장대소하던 것이 기억에 남는다.

한겨울, 영하의 날씨는 말 그대로 살을 에는 듯하다. 몇 겹의 옷을 껴입어도 몇 분 만 지나면 뼛속까지 추위가 침범한다. 장갑을 낀 상태에서는 카메라를 다룰 수 없기 때문에 한겨울에도 손은 항상 맨손이다. 특히 카메라 셔터를 누르는 오른손 검지는 매 겨울 동상에 시달린다. 안경과 파인더에 입김이 서려 촬영하는 데 지장이 생기므로 마스크를 쓸 수도 없다. 사진을 찍을 때에 왼쪽 눈으로 파인더를 들여다보고 오른쪽 눈은 감는다. 설원이나 빙판 위에서 여러 날 촬영을 하고 집에 돌아와 보면 감았던 오른쪽 눈초리만 햇볕에 그을리지 않아 하얗다. 그러나 눈보라가 몰아치는 빙판 위에서 옹기종기 모여 바람을 피하는 고니 떼나 설원 위에서 펼쳐지는 두루미들의 군무, 사람을 경계하지 않는 여우 등을 사진에 담고 보면 그 어떤 추위도 그 어떤 고통도 모두 잊을 수 있다. 좋은 사진은 나오기 어렵지만 그만큼 그동안의 힘들었던 일들을 보상하고도 남는다.

새와 눈을 맞춰라

45년간 새 사진을 찍으면서 시행착오도 많이 겪었다. 무슨 무슨 새가 어디에 나타났다라는 말만 믿고 바리바리 장비들을 싸 짊어지고 갔다가 허탕을 치고 돌아오기 일쑤였다. 그러나 수차례 시행착오를 거듭한 끝에 아름답고도 귀한 새 사진을 얻을 수 있는 나만의 노하우를 터득하게 되었다.

새 사진을 찍으려면 무엇보다 먼저 새의 특성을 알아두어야 한다. 날 때 날개는 어떻게 펄럭이는지, 앉은 자세는 어떤지, 계절에 따라 깃털 색깔이 어떻게 변하는지 등 생김새에 관한 정보는 그 새가 누구인지를 알 수 있는 가장 중요하고도 기본적인 것이다. 번식은 언제, 어디에서 하는지, 먹이는 무엇을 먹는지, 잠은 어디에서 자는지 등의 생태에 관한 정보 또한 알아두어야만이 어디에 가서 어떤 새를 찍을 것인지를 미리 정할 수 있다. 새들도 좋아하는 장소가 있어서 주로 사용하는 둥지 터나 먹이 터, 목욕 터를 많이 알면 알수록 새들을 발견할 확률도 높아진다. 물새는 역시 해변이나 강변, 저수지, 염전 등의 물가에서 보기 쉽다. 물새에 비하면 들새나 산새는 발견하기가 더욱 어렵다. 무성한 덤불이나 나뭇잎으로 가려진 높은 나뭇가지에 앉아 있는 경우가 많기 때문이다.

어디에 가면 무슨 새를 볼 수 있다는 정보를 얻었다고 해서 정말 그곳에서 그 새 사진을 찍을 수 있는 것은 아니다. 새들은 여차하면 날아가 버리는데다 많은 새들이 점점 희귀해지고 있기 때문에 눈으로 찾는 것조차 쉽지 않다. 철새 도래지는 그런 면에서는 새 사진을 찍기에 매우 좋은 장소이다. 현장에서 차를 이용하거나 걸으며 새를 직접 찾아다닐 수도 있지만 위장 텐트를 치고 기다리는 것이 새를 놀래지 않고 자연 상태 그대로의 장면을 얻을 수 있다. 물새를 찍기 위해 텐트를 칠 때 다른 한쪽으로는 산새가 올 만한 지역을 택하면 물새와 산새 모두를 찍을 수도 있다. 위장 텐트에서는 식수와 용변을 처리할 수 있는 용기가 필수적이며 핸드폰은 진동으로 해 놓아야 한다. 여름철에는 물을 미리 얼려서 가지고 가는 것이 좋다.

새에게 접근할 때에는 카메라의 높이를 낮추고 상반신을 수그린 상태에서 살금살금 다가가는데 때로는 주

알을 품고 있던 검은머리갈매기가 망원 렌즈를 든 나를 향해 돌진하고 있다.

위에 있는 풀이나 나뭇가지로 위장을 해서 접근하기도 한다. 새가 먹이를 먹고 있거나 천천히 움직이고 있다면 조금은 여유가 있는 셈이다. 그렇다 하더라도 언제 새가 날아갈지 확신할 수 없기 때문에 눈을 감고서도 재빠르게 장비를 다룰 수 있도록 평상시에 연습을 해 두어야 한다. 고니와 두루미 같은 큰 새들은 바람 방향으로 활주를 한 다음 비상하기 때문에 카메라를 수평으로 놓고 따라 움직인다. 청둥오리 같은 수면성 오리들은 그 자리에서 바로 수직으로 날아오르기 때문에 파인더의 구도를 수직으로 하는 등 새들의 특성에 따라 사진 찍는 기술도 달라진다.

촬영지에 편하고 빠르게 접근할 수 있는 도로 사정을 파악하는 것과 대개 새벽에 현장에 도착하기 때문에 이른 시각에 음식을 먹을 수 있는 근처 식당을 알아두는 것도 중요하다. 오래도록 새를 찾아다니다 보면 70~80킬로미터의 속도로 달리는 차에서 밖을 내다보며 새를 찾아내는 진기명기 같은 재주도 터득하게 된다. 사진을 찍을 당시의 상황을 기록으로 남겨 두면 다음에 그곳을 다시 찾았을 때에 도움이 된다. 사진을 찍은 전체 기간 중에 20여 년 동안 꼬박꼬박 사진 일기를 썼다. 그날의 날씨는 물론 언제 어디에 누구와 함께 갔는지, 찍지는 못하고 관찰하기만 한 새가 뭐가 있었는지, 숙박과 식사, 도로 상황이나 지출 경비 등은 어떠했는지를 상세하게 기록해 두었다.

사진은 발로 찍는다고 한다. 부지런히 다녀야 한다는 뜻이다. 그렇다. 열심히 부지런히 노력하는 사람한테는 좋은 기회가 많이 찾아온다는 것이다. 한 장의 아름다운 사진을 얻기 위해서는 엄청난 시간과 노력과 끈기가 필요하며 운도 따라 주어야 한다. 이런 것들이 합쳐져서 아름답고 자연스러운 새의 모습을 카메라에 담을 수 있다. 어떤 사진작가들은 인위적으로 연출을 해서 사진을 찍기도 한다. 그만큼 자연 상태 그대로의 아름다운 새 사진을 찍기가 어렵다는 것인데 이런 인위적인 연출로 말미암아 새들이 위험에 처하기도 한다. 부모 새는 알을 품는 도중 잠시 둥지를 비우게 될 때 알을 보호하기 위해 나뭇가지나, 갈대 등으로 둥지를 위장해 놓는다. 어떤 사진작가들은 생생한 알의 모습을 사진에 담고자 나뭇가지 등을 치워 버리거나 심지어 둥지를 훼손하기까지 한다. 더욱 놀라운 것은 둥지를 떼어내 다른 장소로 가져가 사진을 찍기도 한다는 것이다. 일단 둥지에 사람의 손길이 닿았다는 것을 알게 된 부모 새는 둥지를 버리고 떠나 버리기도 하는데 결국 부모가 품어 주지 않는 알은 썩어 버리고 혹여 둥지 안에 부화된 새끼가 있으면 굶어 죽거나 포식자에게 잡아먹혀 버린다. 새들의 모습을 사진에 담아서 더 많은 사람에게 보여 주는 것은 매우 중요한 일이다. 그러나 그런 욕심이 앞서 새들을 희생시키는 일은 없어야 할 것이다. 항상 새들에게 다가갈 때에는 새들을 존중하는 마음으로 최대한 방해하지 않도록 노력해야 한다.

새와 나의 매개체, 카메라

새들의 세계 속으로 내가 걸어 들어갈 수 있도록 다리 역할을 해 주는 것이 바로 카메라이다. 손쉽게 목적에 맞는 사진을 얻을 수 있는 자동카메라가 일반화되고부터 수동 카메라는 전문가들이나 쓰는 어렵고 다루기 힘든 카메라라는 인식이 널리 퍼졌다. 그때 그때 거리나 빛의 노출, 셔터 속도 등을 조절해야 하는 귀찮음과 제대로 조절하지 못했을 때 필름만 날릴 수도 있다는 부담감 때문일 것이다. 그러나 1960년대, 1970년대에는 일반인들도 수동 카메라로 사진을 찍었다는 것을 생각해 보면 사실상 수동 카메라도 그다지 다루기 어려운 것만은 아니라는 사실을 알 수 있다. 오랫동안 다양한 수동 카메라로 새 사진을 찍으면서 느낀 점은 역시 카메라는 수단이지 목적이 아니라는 것, 그러나 목적을 달성하기 위해서는 수단인 카메라를 자유자재로 다룰 수 있어야 한다는 것이다.

새를 촬영하기 위해서는 렌즈 교환이 가능한 35밀리미터 모델의 일안 리플렉스 카메라 Reflex Camara 를 준비해야 한다. 일안 리플렉스 카메라는 렌즈를 통과한 빛을 거울로 반사시켜 상이 맺히도록 설계된 카메라인데 렌즈 하나로 초점 조절과 촬영을 할 수 있다. 렌즈를 용도에 따라 교환할 수 있지만 셔터 소리가 커서 새를 놀라게 할 수 있으며 진동

위 왼쪽 사진부터 근접 촬영, 위장 텐트, 망원 렌즈

이 심하다는 단점이 있다. 렌즈의 구경이 큰 표준 50밀리미터 카메라에서 조리개를 f2.8 이하까지 열면 빠르게 움직이는 새를 빛이 적은 곳에서도 찍을 수 있다. 셔터 속도는 렌즈의 밝기와 필름의 감광도와 관련해서 조절할 수 있다.

멀리 떨어져 있는 물체를 찍기 위해서는 망원 렌즈가 필요하다. 새의 행동을 방해하지 않고 접근하기에는 400밀리미터 이상의 장초점 망원 렌즈가 좋다. 새들은 매우 조심스러워서 먹이를 먹거나 쉴 때에도 계속 머리를 움직이며 경계를 하기 때문에 조그만 행동이나 소리에도 쉽게 반응하여 행동을 멈추거나 날아가 버린다. 망원 렌즈는 화각이 좁고 원근감이 압축되며 피사계 심도가 얕아지는 성질이 있으므로 이를 잘 이용하면 멋진 사진을 찍을 수 있다.

표준 렌즈 급의 단초점 렌즈와 줌 렌즈로도 훌륭한 새 사진을 만들어 낼 수 있다. 단초점 렌즈는 피사계 심도가 깊고 넓은 화각畵角,앵글을 가지므로 새의 군무 등을 찍을 때 적합하다. 줌 렌즈는 렌즈를 교환하는 시간 낭비 없이 다양한 크기로 사진을 찍을 수 있어 좋다. 동틀녘 설원 위의 하늘을 덮고 있는 가창오리 떼를 표현하거나, 해변의 갈매기 떼를 찍는다면 망원 렌즈보다 표준적인 단초점 렌즈나 줌 렌즈가 더 좋다. 그리고 요즘에는 다양한 디지털 장비들이 개발되어 많은 사람들이 사용하고 있다. 감도나 셔터 속도 조절이 용이하고 연속 속사連寫가 가능하며 즉석에서 확인을 할 수 있어 필름이나 현상에 드는 경비를 절감할 수 있다는 것이 디지털 장비의 큰 장점이다.

플래시는 빛의 양이 적은 곳에서 근접 사진을 찍거나 빠르게 움직이는 새를 찍을 때 필요하다. 플래시 장비는 1000분의 1초 이하로 발광해야 날아가는 새를 정지된 상태로 찍을 수 있다. 망원 렌즈는 300밀리미터 급이 본체의 무게와 더하면 31그램 이상이 되기 때문에 손으로 들고 찍기에는 무리가 있어 삼각대를 사용해야 한다. 위장 텐트에서 300밀리미터 이상의 망원 렌즈를 사용하여 사진을 찍을 때나 느린 셔터 속도로 사진을 찍을 때 카메라를 삼각대에 받쳐서 사용해야 좋다. 가까운 거리에서의 사진 촬영을 위해 위장 텐트가 필요한데 튼튼하고 운반하기 쉽고 설치하기 편리하며 철거하기에 쉬운 것으로 선택해야 한다. 가장 좋은 화상을 얻기 위해서는 슬라이드 필름을 사용하는 것이 좋다. 슬라이드 필름을 사용하면 선명하고 색상이 좋은 사진을 장기 보관할 수 있다.

더불어 살아가기

지구상에 존재하는 모든 것들은 서로서로 영향을 끼치며 더불어 살아간다. 우리의 후손들이 산과 들, 강에서 아름다운 자태의 새를 보지 못하고 새들이 지저귀는 노랫소리를 듣지 못한다면 그만큼 불행한 일이 또 있을까. 옛 어른들은 새 소리를 듣고 싶으면 나무를 심으라 했다. 감을 딸 때에도 다 따지 않고 '까치밥'이라 하여 몇 개를 꼭 남겨두었다. 식량이 없는 겨울을 새들이 무사히 날 수 있도록 배려한 것이다. 먹을 것이 풍족하지 않은 때였으나 주위에 있는 나무나 벌레, 짐승까지도 생각하는 따뜻한 마음들을 품고 있었다. 현재 지구상에는 약 9,762종의 새가 살고 있다. 이중 약 3분의 2에 해당하는 새들이 서식지를 잃고 생존에 위협을 받고 있으며 이미 17세기 이후로 지금까지 전 세계에서 거의 100종에 이르는 새와 80종류가 넘는 아종의 새들이 사라졌다. 생태계에서 단 한 종의 새가 멸종되면 90종 이상의 곤충과 35종 이상의 식물, 2 내지 3종의 어류가 함께 사라져 버린다. 단지 우리의 눈과 귀를 즐겁게 하기 위해서가 아니라 지구상에 존재하고 있는 다른 모든 동식물을 위해서, 그리고 나아가 우리 인간의 생존을 위해서도 크기에 상관없이, 아름다움에 상관없이 모든 새들은 보호받아야만 할 것이다.

부록

— **사진 일기** 새 사진을 찍으며 느꼈던 감상을 적은 글

— **촬영 일지** 사진 촬영을 나간 그날그날의 기록

— **주요 새 관찰지** 국내에서 새를 관찰하기 좋은 지역들

90. 6. 20.
경기도 광주군 오포면
왜가리

새들은 하늘 높이 나를 자유가 있다
다리에 올무를 달고 있어 행동을
마음대로 날지 못한다.
누구의 짓 일까?

50

'91. 11. 22.
제주도 성산포
흰빰검둥오리.
물위에 있어야 할 오리가 왜 땅위에
있어야 할가.
먹이 사슬이 깨지면 인간의 생존까지
위협 당한다.

92. 2. 5
북해도

큰 고니 천연기념물 제 201 호

해가 들녘, 겨울 맞은 지샌 고니의 발은
얼음이에 얼어 붙어 꼼짝 못하고 머리에는 얼음
덩어리가 얹혀 있으니 얼마나 추울까.

천적이 습격하면 틀림 없이 죽을 일이다.

140

92. 9. 5
소래
왕눈 물떼새

갈 곳을 잃었나
길을 잃었나
깨끗한 바다가 그립다.

공장에서 내뿜는 유해 독가스와 독성 폐수중에는
그 생성과정 조차 규명되지 못한 무수한 유독성 물질들이
포함 되어 있다. 특히 다이오신등 유기 염소계 화생
물질들은 자연속에서 쉽게 분해 되지않아 오랫동안
생태계에 악영향을 미친다.

92

92 12 19
충남 서산AB
청둥오리
다리가 하나 밖에 없으면
얼마나 괴로울까.

93. 9. 25

호주. Sydney. Royal Botanic Garden.
(쇠물닭) Dusky Moorhen

죽어가고 있는 새끼를 어미새들이 바로 일으켜 세우며 물부짖과 괴로워 하고 있다.

9D

A

98. 12. 19.
충남 서산 AB
노랑부리저어새 천연기념물 제205호
세계적인 희귀조, 한 쪽 발은
어디에 있을까
왜, 누가 그랬을까.

A 4

91

93. 12. 19.
충남 서산 AB
노랑부리 저어새 천연기념물 제205호

목에 깊은 상처를 입어 괴로워 하며
하늘을 원망하듯 목을   있다

도리질 하소

51

일본 북해도
94. 2. 10
고니 천연기념물 제201호
다리 뻘 하나는 왜 없을까?

93

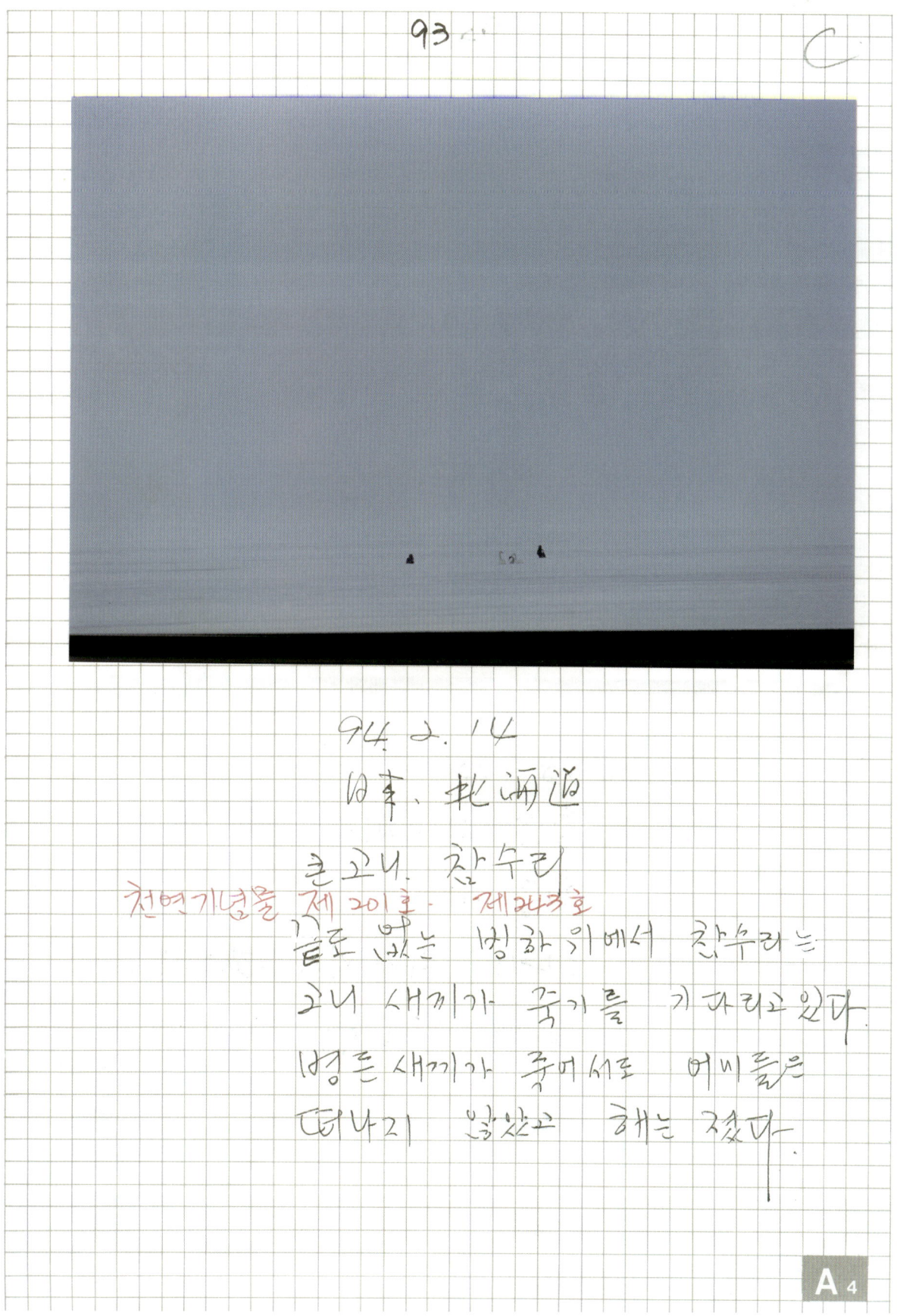

94. 2. 14
日本. 北海道
큰고니. 참수리
천연기념물 제201호. 제243호
눈도 없는 빙하 위에서 참수리는
고니 새끼가 죽기를 기다리고 있다.
병든 새끼가 죽어서도 어미들은
떠나지 않았고 해는 졌다.

147

C

'94. 8. 21.
강화도 여차리
  참매 (1년생) 천연기념물 제323호

하늘의 왕인 맹금류가 왜 장대에 묶여
있을까?
침입자는 인간이며 우리는 환경 문맹(文盲)에
위험 수위를 달리고 있다.

125.

95. 4. 14
성산포
황조롱이   천연기념물 제323호

이게 무슨 깃발인가
철새 보호의 표시탄 밭인가.
맹조류의 위용은 간데없고 악취만 가득하다.
꽃피고 새우는 곳에
사람는 사람 답게
새는 새 답게 더불어 살면 얼마나 좋을까.

촬영 일지

Telephone Numbers

Name and Address	Exchange	Number

㉑ 1. 1-2 (火.木)   1/ 진눈깨비
                   2 맑음

선운사(2창) 백양사 부여 구암 논산

직박구리. 황오리. 크낙새. 청동오리.

까마귀.

교통: 931-2.

동행: 김수반. 서정화

배: 김종수

구암면 진변리

문제: Linhof Tripod의 Ball Head가
고정이 불안함. Nikon 74s의
ASA speed의 Lock가 움직임.
PKL의 L*에 고정 촬영

RUP (36)   4R
    (220)   2R   30R
PKL (36)   3R

백제교

190.000

Telephone Numbers

Name and Address 1991	Exchange	Number

2/9. 10 (토일)　9 흐림
　　　　　　　10 비. 눈

2/9 대관령 경포대 양양 대포항 청초호 송지호 아야진
2/10 속초 화진포 대포항 주문진 경포대 대관령 서울

흰줄박이오리
바다비오리
재갈매기　🦅

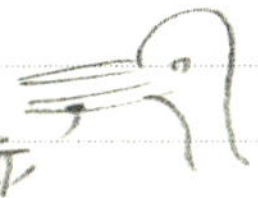

갱이갈매기　🦅

세가락갈매기

홍머새. 황여새.

직바구리

방울새 힛체 청둥오리 큰새

혹새

알락오리. 갱이 흰죽지　흰죽지

청머리오리

힌뺨오리. 힌비오리. 왜가리　갈참

RUP (36) 20R
PKL (36) 12R

동행: 김두반. 서정화

車 93노

주요 새 관찰지

● 표의 천연기념물 항목은 지역 자체가 천연기념물로 지정된 곳을 표시한 것이다.

지명		관찰 시기	관찰할 수 있는 새들	천연기념물 (지역)
강원도	강릉시 경포호	겨울	오리류, 갈매기류, 고니류, 해오라기류	
	고성군 송지호	겨울	오리류, 고니류	
	고성군 화진포	겨울	오리류, 고니류	
	속초시 청초호	봄~겨울	도요류, 물떼새류, 오리류, 갈매기류, 고니류, 바다오리류	
	양양군 설악산	봄~겨울	산새류	
	양양군 포매리	여름	백로류	229호
	철원군	겨울	기러기류, 오리류, 두루미류, 수리류	245호
	횡성군 압곡리	여름	백로류	
경기도	남양만	봄, 가을	도요류, 물떼새류	
	남양주시 광릉	봄~겨울	딱따구리류, 산새류, 원앙	11호
	남양주시 양수리	여름	해오라기류, 물닭류, 논병아리류	
	아산만	봄, 가을, 겨울	도요류, 물떼새류, 오리류, 기러기류, 갈매기류	
	안산시 시화호	봄~겨울	도요류, 물떼새류, 백로류, 해오라기류, 검은머리갈매기	
	여주군	여름	백로류	209호
	하남시 미사동	봄~겨울	도요류, 물떼새류, 백로류, 제비갈매기류, 개개비류	
	한강·임진강 하류	겨울	기러기류, 두루미류, 개리류	250호
경상남도	거제시 거제도	여름, 겨울	오리류, 아비류, 논병아리류	
	낙동강 하류	봄~겨울	도요류, 물떼새류, 갈매기류, 개개비류, 오리류, 고니류, 백로류	179호
	산천포시 산천포	겨울	검둥오리·검둥오리사촌	
	창녕군 우포늪	겨울	오리류, 저어새류, 황새	
	창원시 주남저수지	겨울, 여름	오리류, 기러기류, 고니류, 수리류, 두루미류, 저어새류	
	통영시 홍도	봄, 여름	괭이갈매기, 칼새류	
	하동군 지리산	봄~겨울	산새류	
경상북도	영덕군 강구면	겨울	갈매기류, 바다오리류	
	울릉군 독도	봄, 여름	괭이갈매기, 슴새	336호
	울릉도 사동	봄~겨울	흑비둘기	237호
서울특별시	한강 밤섬	여름, 겨울	오리류, 갈매기류, 부엉이류, 백로류	

지명		관찰 시기	관찰할 수 있는 새들	천연기념물 (지역)
인천광역시	강화군 강화도	봄~겨울	도요류, 물떼새류, 노랑부리백로, 저어새류, 갈매기류, 기러기류, 두루미류, 검은머리물떼새	
	영종도	봄~가을	도요류, 물떼새류, 노랑부리백로, 검은머리갈매기	
	옹진군 백령도	봄	가마우지류	
	옹진군 신도	봄	노랑부리백로, 괭이갈매기	360호
전라남도	무안군 용월리	여름	백로류, 해오라기류	211호
	순천시 순천만	겨울	흑두루미, 오리류	
	신안군 구굴도	봄, 가을	뿔쇠오리, 바다제비, 슴새	341호
	신안군 소흑산도	봄~겨울	흑비둘기	
	신안군 칠발도	봄~가을	바다쇠오리, 바다제비, 슴새, 칼새류, 매	332호
	영암군 고천암호	겨울	오리류, 황새류, 고니류	
	영암군 영암호·금호호	겨울	가창오리, 황새	
	진도군 진도	겨울	고니류, 오리류	101호
	함평군	겨울	먹황새	
전라북도	군산시 옥구 염전	봄, 가을	넓적부리도요	
	금강 하구둑	봄~겨울	도요류, 물떼새류, 오리류, 고니류, 검은머리갈매기, 기러기류	
	만경강 하구	봄, 가을	도요류, 물떼새류	
충청남도	논산시 화악리	봄~겨울	오골계	265호
	당진군 삽교천	봄, 가을	도요류, 물떼새류	
	서천군 유부도	겨울	검은머리물떼새	
	연기군 감성리	여름	백로류	
	천수만	봄~겨울	오리류, 기러기류, 황새, 백로류, 저어새류	
	태안군 난도	봄, 여름	괭이갈매기	334호
충청북도	보은군 속리산	봄~겨울	산새류	
제주도	남제주군 성산포	겨울	오리류, 갈매기류, 고니류, 가마우지류	
	북제주군 사수도	봄~겨울	슴새, 칼새, 흑비둘기	333호
	북제주군 종달리·하도리	봄~겨울	오리류, 갈매기류, 저어새류, 해오라기류, 도요류, 물떼새류	
	한라산	봄~겨울	산새류	

참고 문헌

국내 단행본

김해창, 『그곳에 가면 새가 있다』 (동양문고, 2002).

다이아몬드, 재레드, 김정흠 옮김, 『제3의 침팬지』 (문학사상사, 1996).

도킨스, 리처드, 홍영남 옮김, 『이기적인 유전자』 (을유문화사, 1993).

로렌츠, 콘라트, 송준만 옮김, 『공격성에 관하여』 (이화여자대학교 출판부, 1986).

박병상, 『생태학자 박병상의 우리 동물이야기』 (북갤럽, 2002).

배스킨, 이본, 이한음 옮김, 『아름다운 생명의 그물』 (돌베개, 2003).

서펠, 제임스, 윤영애 옮김, 『동물, 인간의 동반자』 (들녘, 2003).

슈커, 칼 P.N., 김미화 옮김, 『우리가 모르는 동물들의 신비한 능력』 (서울문화사, 2004).

스파크스, 존, 까치글방, 『동물의 사생활』 (까치, 2000).

사블레, 에릭, 이은진 옮김, 『새들의 지혜』 (뿌리와 이파리, 2004).

원병오, 『날아라 새들아』 (다른세상, 2001).

원병오, 『하늘빛으로 물든 새』 (중앙M&B, 1999).

윤무부, 『한국의 새』 (교학사, 2003).

이우신, 구태회, 박진영, 『한국의 새』 (LG상록재단, 2000).

이우신, 김수일, 『쉽게 찾는 우리 새』 (현암사, 2003).

이우신, 『우리가 정말 알아야 할 우리 새 백가지』 (현암사, 1994).

채희영, 김창희, 『조류 생태학』 (아카데미서적, 2000).

하인리히, 베른트, 강수정 옮김, 『동물들의 겨울나기』 (에코리브르, 2003).

외국 단행본

Gill, F. B., *Ornithology* (W. H. Freeman, 1994).

Sibley, D. A., *The Sibley Guide to Birds* (Knopf, 2003).

인터넷 홈페이지

생물학 연구 정보 센터(http://bric.postech.ac.kr)

코넬 대학교 조류학 연구소(http://www.birds.cornell.edu)

유범주

1943년 서울에서 태어났다. 1961년 자연환경과 동식물을 사진에 담기 시작한 이래로 줄곧 생태 사진작가의 길을 걸어 왔다. 인물, 풍경, 꽃, 곤충 등 다양한 자연 사물들을 카메라에 담고 있지만 찰나를 포착해야만 하는 새라는 동물에 매료된 이후로는 특히 새 사진에 주력하고 있다. 다른 사람들이 보여 주는 새 사진과는 다른 자신만의 새 사진을 찍기 위해 그리고 그 사진을 통해 사람들이 진정으로 새를 사랑할 수 있기를 바라는 마음으로 45년간 찌는 듯한 더위와 살을 에는 듯한 추위도 마다 않고 전국 방방곡곡을 돌아다니며 30만 장에 달하는 새 사진을 찍었다. 지금도 새가 있는 곳이라면, 사라져 가는 생명이 있는 곳이라면 어디나 찾아가 그들의 모습을 사진으로 담고 있다. 한국 꽃 사진회 회장을 지냈으며 현재는 한국 생태 사진가 협회 회장을 맡고 있다.

 자연과 인간 5

한국의 새와 함께한 45년, 생태 사진가 유범주의 새 이야기

새

1판 1쇄 찍음 2005년 1월 27일
1판 1쇄 펴냄 2005년 2월 11일

지은이 유범주
펴낸이 박상준
펴낸곳 (주)사이언스북스

출판등록 1997. 3. 24.(제16-1444호)
(135-887) 서울시 강남구 신사동 506 강남출판문화센터 5층
대표전화 515-2000, 팩시밀리 515-2007
편집부 517-4263, 팩시밀리 514-3249
www.sciencebooks.co.kr

값 43,000원

ⓒ유범주, 2005. Printed in Seoul, Korea.

ISBN 89-8371-530-8 04470
　　　 89-8371-525-1 (세트)